혼자하는 메이크업 지침서!!

나홀로 메이크업

전유진 지음

Self make up

군자출판사

나홀로 메이크업

첫째판 1쇄 인쇄 | 2007년 10월 1일
첫째판 1쇄 발행 | 2007년 10월 5일

지 은 이 전유진
발 행 인 장주연
표지 • 편집 이지선
일러스트트 곽지영
발 행 처 군자출판사
등 록 제 4-139호(1991. 6. 24)

본 사 (110-717) 서울특별시 종로구 인의동 112-1 동원회관 BD 3층
Tel. (02) 762-9194/5 Fax. (02) 764-0209
대구지점 Tel. (053) 428-2748 Fax. (053) 428-2749
광주지점 Tel. (062) 228-0252 Fax. (062) 228-0251
부산지점 Tel. (051) 893-8989 Fax. (051) 893-8986

www.koonja.co.kr

* 파본은 교환하여 드립니다.
* 검인은 저자와의 합의 하에 생략합니다.

ISBN 978-89-7089-950-3

정가 10,000원

나홀로 메이크업

Self make up

전유진 지음

머리말

"한 송이 국화꽃을 피우기 위해 봄부터 소쩍새는 그렇게 울었나보다" 라는 싯구절이 문득 스치고 지나갑니다.

역사가 시작된 이래, 여성들의 미에 대한 관심은 상당히 높으며 고대 이집트에서부터 피부를 보호하는 목적으로 만들어진 제품은 그 당시에 여성들의 아름다워지려는 욕망과 함께 죽음으로까지 몰고 갔지만 과학과 화학의 발전이 거듭되어 오면서 21C인 지금에서야 비로서 소비자가 안심하고 사용할 수 있는 코스메틱으로 재탄생했습니다.

이 책은 각 피부타입에 맞는 제품 성분의 특징을 칼럼형식으로 엮었으며 메이크업 도구들의 소개와 설명, 붓의 크기에 따른 사용법, 만족한 결과를 위해 어떤 조건의 자연광 상태와 조명등을 이용하여 메이크업을 해야하는 지와 제품을 개봉했을 경우의 유효기간, 피부타입에 따른 간략한 피부 관리와 그것을 위한 기초제품의 선택과 꼭 알아야할 제품의 구성 성분, 내 피부에 맞는 메이크업 베이스의 색상별 선택, 자연스런 파운데이션의 도포법, 다양한 컨실러를 이용한 기미와 다크써클 커버법, 그리고 우리 일반인들이 저에게 자주 물어오는 임산부를 위한 메이크업, 투명 메이크업, 동안 메이크업, 중년 여성을 위한 메이크업, 스피드 5분 메이크업 등을 소개했습니다. 그리고 제가 싸이트 뷰티아이의 메이크업 조언자로 활동하면서 고객님들의 질문에 대해서 교양있고 과학적으로 답변했던 글을 실었습니다.

이 책에 대해서 부족한 점이나 아쉬운 점이 있다면 주저마시고 이메일 mmeargent@hotmail.com, 까페 http://cafe.naver.com/ilovejyj.cafe로 글을 보내주십시오. 여러분의 소중한 글을 기다립니다.

마지막으로 책의 모델이 되어준 국립극단의 배우 곽명화님, 메이크업포에버 부원장이신 이은숙님, 홍보 부장 황보윤경님, 매니저 스크터 최님, 포토그래퍼 전숙희님, 군자출판사의 김혜미과장님과 편집디자이너 이지선님, 장주연 사장님께 감사드립니다. 또한 싸이트 뷰티아이의 이규복 사장님께도 감사드립니다. 그리고 나에게 늘 힘이 되어주는 가족들한테도 감사드립니다.

2007년 9월
아웃사이더 전 유 진

목차

A. 화장이 쉽게 뜨는 건성피부, 쉽게 지워지는 지성피부, 쉽게 반응하는 민감성피부 모여라~ 2

B. 내가 사용하는 코스메틱 제품의 기능 6

a. 클렌징 로션 _6
b. 스킨 _6
c. 고마쥬 _6
d. 마스크 크림 _6
e. 아이 마스크 크림 _7
f. 아이크림 _7
g. 영양크림 / 수분크림 _7
h. 민감성 피부 크림 _7
I. 탄력 크림 _8
j. 피지조절 크림 / 젤 _8
k. 나이트 크림 _8
l. 입술 보호제 / 립스틱 _8

C. 메이크업 이야기 9

D. 메이크업 공간 10

E. 메이크업 도구 ---- 11

F. 제품수납 ---- 16

G. 제품 유효기간 ---- 16

H. 내 피부에 맞는 제품성분 ---- 17

a. 지성 피부, 악지성 피부, 여드름성 피부 _17
b. 건성 피부와 악건성 피부 _17
c. 민감성 피부, 탄력 없는 피부 그리고 발진성 피부 _18
d. 노화성 피부 _18
e. 보통 피부 _18

I. 메이크업 베이스 기능 ---- 19

a. 나만의 메이크업 베이스의 색상 선택 _19
b. 메이크업 베이스 색상 선택의 원리 _20

J. 파운데이션 ---- 21

a. 파운데이션 구성 _21
b. 나만의 파운데이션 질감 선택 _22
c. 다양한 파운데이션의 색상 특징 _23
d. 각종 도구를 사용한 파운데이션 표현 _24

K. 다양한 컨실러 26

a. 나만의 컨실러 선택 _26
b. 컨실러를 이용한 나만의 피부 수정법 _27

L. 파우더 29

a. 나만의 파우더 색상 선택 _29
b. 루스 파우더 사용법 _30
c. 프레스 파우더(콤팩트 파우더) _30
d. 트웨이 케익 _30

M. 이상적인 눈썹 31

a. 나만의 눈썹 수정법 _31

N. 아이 메이크업 34

a. 초보자를 위한 아이 섀도우 색상 응용 _34
b. 계절별 아이 섀도우 선택 _35
c. 나에게 어울리는 아이 섀도우 법 _36

O. 립 메이크업 40

a. 입술 그리는 순서 _40
b. 입술 수정법 _40

P. 임신기간 동안의 피부의 변화 ---- 44

a. 9달간, 임신 상태인 여성의 변화 모습 _44
b. 임신 기간 동안의 셀프 피부관리 _44

Q. 나이에 따른 피부 변화와 메이크업 ---- 50

a. 투명 메이크업 _51
b. 동안 메이크업 _57
c. 중년 여성을 위한 메이크업 _60

R. 스피드 5분 메이크업 ---- 66

S. 아름다운 피부를 위한 예방책 ---- 67

T. 메이크업 조언자 전유진 ---- 68

U. 찾아보기 ---- 112

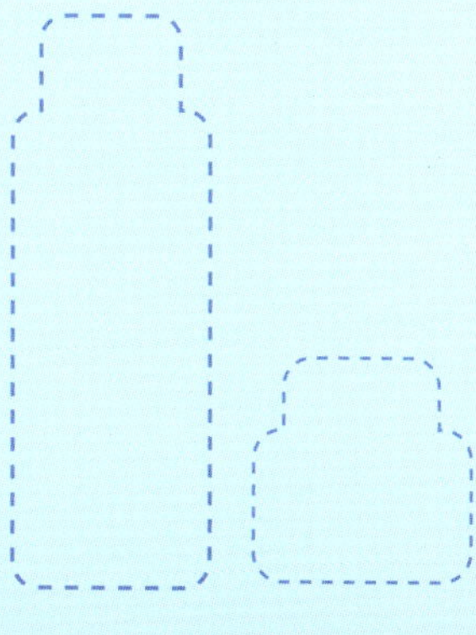

나홀로 메이크업

Self make up

A. 화장이 쉽게 뜨는 건성피부, 쉽게 지워지는 지성피부, 쉽게 반응하는 민감성피부 모여라~ | B. 내가 사용하는 코스메틱 제품의 기능 | C. 메이크업 이야기 | D. 메이크업 공간 | E. 메이크업 도구 | F. 제품수납 | G. 제품 유효기간 | H. 내 피부에 맞는 제품성분 | I. 메이크업 베이스 기능 | J. 파운데이션 | K. 다양한 컨실러 | L. 파우더 | M. 이상적인 눈썹 | N. 아이 메이크업 | O. 립 메이크업 | P. 임신기간 동안의 피부의 변화 | Q. 나이에 따른 피부 변화와 메이크업 | R. 스피드 5분 메이크업 | S. 아름다운 피부를 위한 예방책 | T. 메이크업 조언자 전유진 | U. 찾아보기

A. 화장이 쉽게 뜨는 건성피부, 쉽게 지워지는 지성피부, 쉽게 반응하는 민감성피부 모여라~

각 피부타입의 대표자들인 '건성' 씨, '지성' 씨, 그리고 '민감성' 씨가 모였다. 그리고 이들은 청중 앞에서 공약을 내세운다.

여러분! 내 피부는 건조해서 화장을 해도 항상 부서지고 갈라집니다! 피지가 충분하지 못한 우리의 문제점인 피지량의 보충을 위해서 피지의 대용물인 「영양크림」을 대형으로 사들여 여러분의 가정에 공급해드리겠습니다! 그리고 그 전에 영양이 풍부한 「앰플」을 서비스로 공급하겠습니다!

'건성' 씨의 지지자들은 환호한다. 그러나 그 연설이 끝나자마자 '지성' 씨의 지지자들은 야유를 퍼 붓는다.

우~ 물러가라!!!

'지성' 씨가 단상 위에 올라간다.

에센스 하나만 발라도 쉽게 번들거리고 화장을 한지 몇 시간도 안돼서 지워지고 없어지는 나와 같은 피부의 문제점을 지닌 여러분!

우리의 해결책은 영양 공급이 아닙니다! 우리의 문제점은 피지가 남들보다 과잉으로 분비되기 때문에 발생하는 것입니다! 그런데, 여기다가 영양을 더 공급해준다니요? 그 말은 우리를 더 악의 구렁으로 몰고 가는 소리입니다! 지성피부인 우리에게는 기초 제품의 영양 공급보다는 먼저, 피부의 청결과 모공 청소입니다! 그런 의미에서 과잉으로 분비되는 피지량 조절을 위해 일주일에 2번 정도 「머드팩」으로 청소해 드리겠습니다! 그리고 서비스로 피지를 소독하고 살균하는 유황, 프로폴리스, 꿀, 라벤더, 효모 등의 성분 제품을 공급해 드리겠습니다!

그러자, 옆에서 듣고만 있던 '민감성' 씨의 지지자들이 소란을 피운다.

"저건 우리한테 죽으라는 소리야! 가뜩이나 피부도 얇고 혈관도 약한데 「소독제 성분」이라니? 제정신이야? 우리는 피부를 진정시키는 아쥴렌, 카모마일, 아미카 등 이런 성분이 필요하다고!

이런 말에 힘을 얻은 '민감성' 씨가 단상에 오른다.

난, 여러분의 고충을 충분히 이해합니다! 난 지금까지도 계속해서 아마메리스, 징코, 센텔라아시아티카 등의 성분을 사용하여 혈관에 활력을 주고 강화시키고 있습니다. 효과짱입니다!

나를 뽑아주시면 이런 성분들을 여러분께 그냥 뿌려드리겠습니다!

각 대표들의 이러한 연설이 끝나자마자 회의장은 소란스러워진다.

구석에 자리 잡고 있던 소수 '노화성 그룹' 은 혼자 말을 한다.

우리는 '콜라겐' 과 '엘라스틴' 을 보충하고 강화시키는 피토스티뮬린, 섬유단백질, 텐진, 탄닌 등의 성분이 필요한데 누가 우리를 대표해주지?

연설은 흐지부지 되고 다음날 프로그램 토론에서 다시 모였다.

토론회에서 '썬블록' 씨가 사회를 진행했다.

"어제 말씀하신 각자 공약을 실행했다고 하고, 그 다음 단계로 넘어가는 피부표현 단계에 대해 말씀해 주십시오."

'건성' 씨 왈,

"다시 한 번 확인하는 의미로, 우리 「건성피부」 당원들은 수분공급인 히알루론산, 아로베라, 아쥴렌, N.M.F. 등의 활성성분으로 만든 '영양크림' 을 발라 영양을 주고 수분이 날아가지 못하도록 유분막을 형성해주는 것이 중요합니다. 그런 후, 자외선 차단제를 바르고 피부톤에 맞는 메이크업 베이스색을 선택하고 크림 파운데이션이나 스틱 또는 가루가 포함되어있지 않은 리퀴드 파운데이션을 써주는 거지요. 물론, 피부가 건조함으로 빠짐없이 꼼꼼히 발라 주어야합니다.

개인에 따라 색소침착이 있다면 컨실러를 색소침착 부위에 얇게 펴 발라줍니다. 그리고서 루스 파우더를 사용하되 붓을 이용하여 최소한의 양만을 사용하십시오. 왜냐하면 '콤팩트' 나 '루스 파우더' 성분에는 유분기를 흡수하는 탈크, 활석 등의 성분이 있기 때문에 시간이 지나면 피부에 도포된 파우더가 갈라지거나 쉽게 가루가 되어 떨어지기 때문입니다."

마이크를 넘겨받은 '지성' 씨 왈,

"어제도 말씀드렸지만, 우리 「지성피부」 당원들은 '영양공급' 보다는 제일 중요한 것이 피부 청결에 신경을 써 주어야 합니다. 과잉으로 분비된 피지 조절과 청결을 위해 수렴제인 알륀, 레몬, 카씨스, 샐비어, 캄페 등의 제품 성분들을 사용해 주어야 하지요. 그리고 우리 「지성피부」 당원들은 피지의 보충물인 영양크림 단계는 생략해도 됩니다.

그리고 색조 화장인 단계에서 메이크업 베이스를 사용하고 지성 피부를 위한 '마트한 리퀴드 파운데이션' 을 사용하십시오. 그래야 유분기를 흡수하고 조절해 주기 때문입니다.

컨실러를 사용할 때는 소량으로 얇게 펴 바르십시오. 손가락의 체온을 사용하면 잘 녹아 얇게 펴집니다.

마지막 피부 표현인 콤팩트나 루스 파우더 단계는 붓보다는 분첩을 이용하는 것이 꼼꼼하게 도포되어 밀착력 있고 유분을 잘 빨아드립니다. 꼼꼼한 파우더의 사용법은 당연히 피부 표현단계를 오래 지속시켜 주겠지요?"

마이크를 넘겨받은 '썬블록' 씨 왈,

"참고로 「지성피부」 당원들조차도 기초 제품 사용 후에, 「자외선 차단제 일명, 썬블록」을 생략해도 된다고 알고 있는데 그건 잘못된 생각입니다. 「지성피부」인 당원들도 자외선에 노출되어 있으므로 쉽게 피해를 볼 수 있습니다. 자외선 차단제는 피부 타입에 상관없이 누구나 꼭 발라주어야 하는 거지요."

기다리기가 지루해 눈을 붙였던 '민감성' 씨 얼른 마이크를 받아들고 말을 시작한다.

"지금까지 해주신 각 당원들의 말씀을 잘 들었습니다. 저와 같은 길을 걷고 있는 「민감성 피부」당원 여러분들께서는 혈관 계통이 민감하므로 온도와 열 그리고 자극에 관계없이 규칙적으로 반응합니다. 그러므로 혈관에 활력을 주고 강화시키는 것이 중요합니다. 또한, 피부를 진정시키면서 완화시키고 보호해주는 것이 중요하므로 아쥴렌, 카모마일, 알란토인, 글리세린산, 비타민E 등의 성분 제품들을 사용하는 것이 좋습니다. 특히, 우리 「민감성 피부」 당원들은 햇빛에도 민감하므로 항상 「자외선 차단제」를 정성껏 바르셔야 합니다. 그 다음 단계인 피부 표현에 대해 말씀드리자면 다른 피부 당원들과 하는 방법과 순서는 동일합니다. 그러나 피부 표현 단계와 색조화장을 해주실 때는 손보다는 가능한 한 스폰지나 붓을 사용하는 것이 좋습니다. 그것은 사람의 손에는 눈으로는 쉽게 보이지 않는 세균이 있으므로 오히려 도구를 이용하는 것이 피부 자극을 덜 주기 때문입니다."

마이크를 건네받은 사회자 '썬블록' 씨 왈,

"각 당원들에 맞는 기초 제품과 피부 표현에 대해 잘 들었습니다.

마지막으로 제가 드리고 싶은 말씀은 화장품에 전적으로 의존하기 보다는 일상생활에서 스트레스 받지 않고 숙면을 취하고 적당한 휴식과 균형 있는 음식 섭취가 가장 중요하다고 생각합니다. 또한 수분 많은 과일을 섭취하는 것도 건강하고 아름다운 피부를 유지하는데 도움이 된다고 생각합니다."

B. 내가 사용하는 코스메틱 제품의 기능

a. 클렌징 로션

- 메이크업과 불순물의 제거와 청소
- 피부를 깨끗하고 청결하게 함

b. 스킨

- 세안 후 남아있는 알카리 성분과 불순물 제거, 그리고 피부의 pH 조절
- 각질층에 탄력과 생기 부여
- 피부 타입에 따른 기능(탄력, 수렴, 연화, 소독)
- 피부 표피층의 수분공급과 유지

c. 고마쥬

- 각질제거
- 피부 호흡에 도움
- 세포의 탄력과 활력 그리고 재생
- 제품의 침투 쉬움

d. 마스크 크림

- 맑고 생기있는 피부톤
- 불순물 흡수
- 과다한 피지흡수(머드팩)
- 살균 / 소독효과(머드팩)
- 탄력강화
- 수분공급
- 엘라스틴의 탄력 부여

- 피부의 탄력을 지탱하는 단백질 섬유 강화

e. 아이 마스크 크림

- 탄력
- 수분공급
- 윤기
- 주름과 잔주름 완화
- 눈가의 붓기를 빼줌
- 눈가의 피로를 풀어줌

f. 아이크림

- 외부의 자극으로부터 보호
- 탄력
- 보습효과
- 수분공급

g. 영양크림/수분크림

- 피부탄력
- 수분공급
- 영양공급
- 맑은 피부톤

h. 민감성 피부 크림

- 영양공급
- 외부와 에어콘으로부터 수분증발 방지
- 염증 완화, 진정
- 혈관의 탄력 강화

- 열의 느낌을 내려주고 완화시켜줌

I. 탄력 크림

- 맑은 피부톤
- 영양공급
- 세포재생
- 노화 예방

j. 피지조절 크림/젤

- 메이크업이 오래 지속되도록 도와 줌
- 피지조절
- 피부소독
- 모공소독
- 모공수축(수렴효과)

k. 나이트 크림

- 완화, 연화
- 스트레스 받은 피부를 편안하게 함
- 세포재생
- 영양, 수분공급

l. 입술 보호제/립스틱

- 영양, 수분공급
- 진정
- 입술을 돋보이게 함

6. 메이크업 이야기

인류의 역사가 시작된 이래, 인간들은 자신의 보호와 신을 경배하기 위해 치장을 해왔으며 각 부족마다 서열을 구분짓기 위해서 몸에 고통스러운 치장과 문신을 해왔다. 또한 전쟁에서 적을 교란시키기 위해 다양하게 분장을 해왔다. 지금까지도... 메이크업을 할 때, 우리가 사용하고 있는 '분가루' 즉, 루스 파우더나 콤팩트 등은 고대 이집트 시대에서 트렌드인 창백한 얼굴을 표현하기 위해 백납의 가루성분과 혼합하여 사용하면서 2000년 이상 내려온 것이 업그레이드 된 제품이라 할 수 있다. 또한 그 당시에 곤충과 모래 바람 그리고 작렬하는 태양으로부터 보호하는 수단으로 남녀노소 누구나다 검정색 눈썹먹을 이용하여 눈썹과 속눈썹을 장식한 것이 지금의 마스카라이고 회색 초록색과 송진, 미네랄 가루를 사용하여 청색 가루로 만들어 아이홀에 사용한 것이 오늘날의 아이섀도우이며 여러 가지 식물과 수은, 무당벌레 암컷의 색소를 혼합하여 붉은 볼을 강조하고 입술에 바른 것이 혈색을 표현해주는 블러셔와 생기를 주는 립스틱으로 재탄생한 것이다. 우리가 알고 있는 클레오파트라, 엘리자베스 1세, 양귀비 시대의 메이크업 제품은 피부와 건강을 해쳤으며 더 심하게는 죽음으로까지 몰고 갔는데도 불구하고 아름답게 보이고 싶은 욕망은 미의 표현으로 계속된 것이다.

지금은 과학과 화학의 발전으로 제품이 다양해지고 안전하며 손쉽게 구매 할 수 있고 또한 메이크업을 한 후에도 크게 문제되지 않는다. 더불어 개인의 매력을 한층 더 아름답게 표현할 수 있다.

D. 메이크업 공간

● 빛을 고려한 메이크업: 방 또는 거실

대부분의 여성들은 자신의 방이나 밝은 곳에서 편안한 상태로 정성들여 메이크업을 한다. 그러나 눈부신 자연채광이나 강렬한 인공조명에서의 메이크업은 색상 톤의 감각을 잃게 함으로 다음과 같이 얼굴의 모든 부분을 고르게 비춰주는 상태에서 메이크업을 한다.

도움말

- 인공 채광을 이용할 경우, 최대한의 방법을 동원하여 자연 채광에 가깝도록 할 것!

★ 참고-메이크업실의 벽이나 주변은 밝은 회색이 좋으며 색조 화장에도 영향을 준다.

- 빛을 이용한 일반적인 메이크업의 진리는 창문을 통과한 빛을 등지고 거울의 정면에서 화장할 것!

- 거울 윗면에 장치된 조명등 또는 인공조명의 중앙에서 메이크업은 피할 것! 왜? 얼굴을 지나치게 밝게 표현하거나 아이 사도우를 매우 진하게 표현 할 수 있으므로.

E. 메이크업 도구

1. 만족한 메이크업을 위해서는, 저렴한 도구와 제품을 여러 개 구입하는 것보다 품질 좋은 것을 한 개 구입하는 것이 더 효과적이다.
2. 붓을 자주 사용했거나 여러 사람에게 사용 한 경우는 청결과 위생을 고려하여 일주일에 한 번이나 두 번 정도 세척을 해주는 것이 좋다.

도움말

붓은 전문용 크렌저로 세척하는 것이 수명이 오래가고 붓결이 쉽게 상하지 않으나 만약, 크렌저가 없다면 샴푸로 세척한 후에 린스를 이용하여 붓결을 부드럽게 만들어주고 붓털을 아래로 향하게 하여 말린다(붓은 좌우로 오가면서 세척하고 헹군다).

솜 _모양과 크기에 따라서 다양한 솜이 있다.

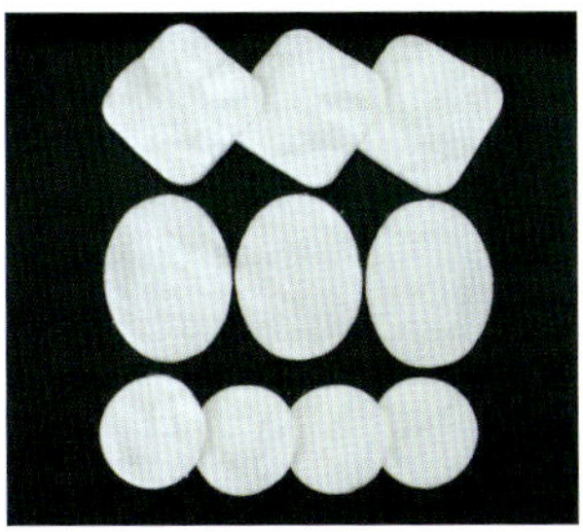

1. 세안 후, 솜에 스킨을 묻힌 후에 얼굴에 잔여물인 알카리 성분을 제거하기 위해서 사용
2. 클렌징을 할 때도 사용

면봉

1. 코스메틱 제품을 위생적으로 사용하고 양을 조절할 때 사용
2. 눈가에 과잉으로 도포된 크림 샤도우 또는 아이 샤도우 등을 제거하는데 사용
3. 점막 부위에 묻은 마스카라를 닦아내는데 용이하게 이용

크리넥스

1. 클렌징을 할 때 사용
2. 초과량의 제품을 흡수하고 메이크업을 고정할 때 사용(얼굴 표면에 크리넥스를 놓고 두 손으로 누르거나 부드럽게 두드린다. 절대 밀지 않는다).

스폰지

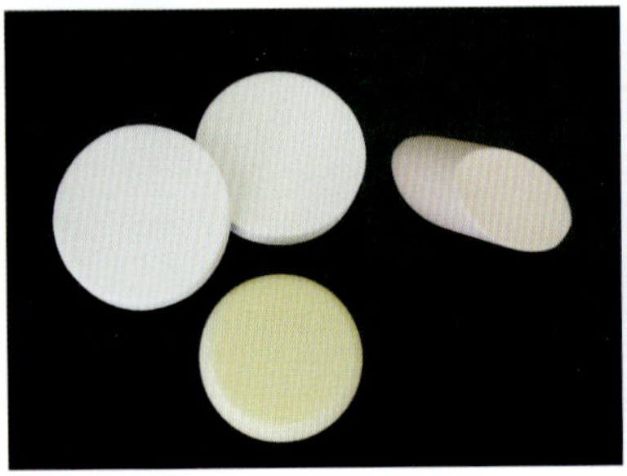

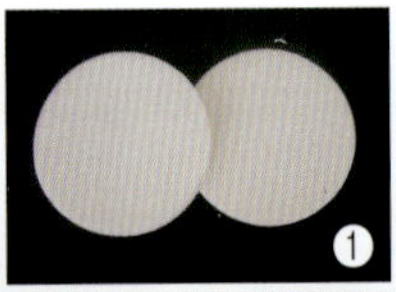

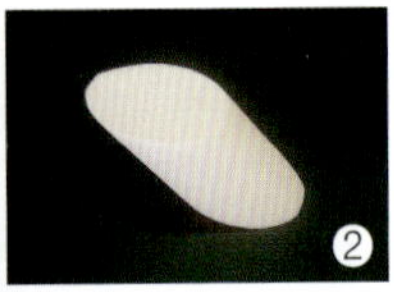

1. 천연락테스인 스폰지로 부드러우며 루스 파우더 또는 콤팩트 사용시에도 이용할 수 있다.
2. 식물성 스폰지나 천연락테스 스폰지로 질감이 부드럽다. → 콧망울의 모서리 또는 얼굴의 굴곡 등에 골고루 파운데이션을 펴 바를 수 있다.
3. 합성 스폰지 : 뻑뻑한 크림 파운데이션을 부드럽게 도포하기에 적당하다.

도움말

1. 스폰지를 이용하여 파운데이션을 도포할 때, 먼저 스폰지를 물에 적셔 촉촉하게 짜준 뒤에 사용한다. 그래야만 마른 스폰지를 이용할 때보다 재료 손실이 덜하면서 부드럽게 잘 도포된다.
2. 모든 스폰지는 메이크업을 한 후에 청결을 위해서 비누와 미온수로 세척한 후에 말려서 보관한다.

분첩

1. 피부 표현의 마지막 단계인 루스 파우더나 콤팩트가 피부에 잘 밀착되도록 도와줌

도움말

1. 가장 좋은 분첩은 탄력이 있고 보풀이 쉽게 일어나지 않는 것이다.
2. 비누와 미온수로 세탁한 뒤에도 크기와 모양을 유지시켜 주는 것이 좋은 분첩이다.

붓 / 브러쉬

1. 자연스러운 화장을 위한 메이크업 베이스와 파운데이션 도포에 필요
2. 분가루와 아이 섀도우를 사용 할 때 없어서는 안 될 필수 도구

도움말

가격이 저렴한 인모 형태의 붓보다는 천연모로 구성된 붓을 권하고 싶다.

3. 조랑말 털, 남미산 수달 털, 염소털 → 파우더 페이스용
4. 담비털, 조랑말 털 → 아이라이너, 눈과 볼에 사용
5. 러시아 다람쥐 털 또는 소귀의 털과 혼합된 붓, 오소리 털, 인도산 족제비 털 → 입술용으로 사용

도움말

- 크림타입의 제품은 컨실러는 짧고 좁은 붓을 이용하는 것이 효과적이다.
- 아이 섀도우나 블러셔 등은 길고 풍성한 털로 구성된 붓을 사용한다.

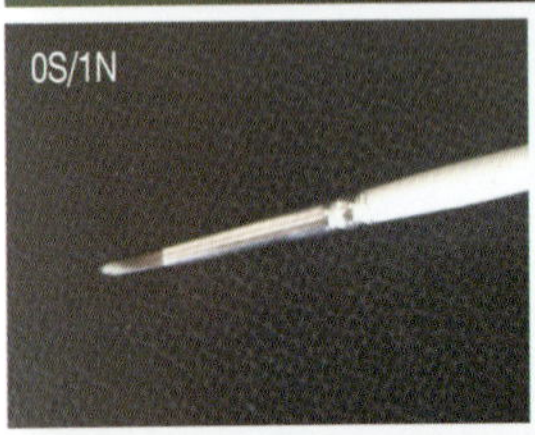

0S/1N

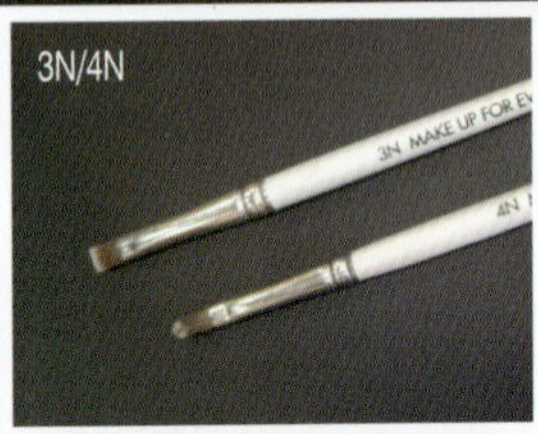

3N/4N

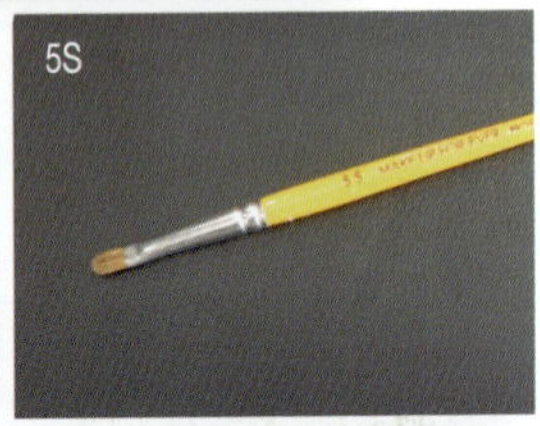

5S

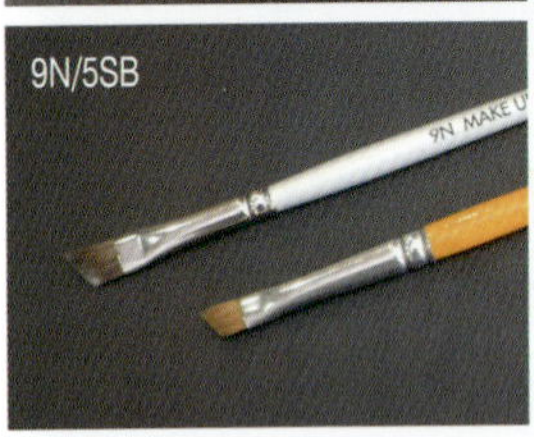

9N/5SB

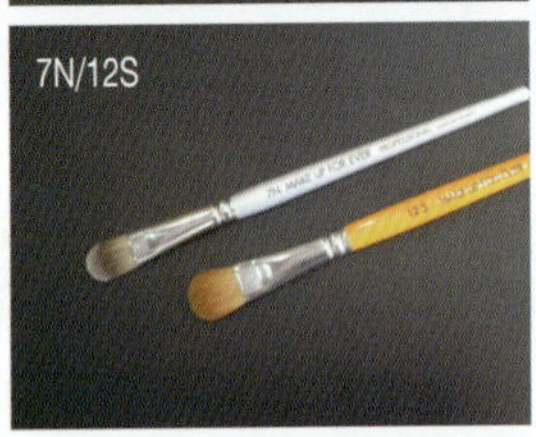

7N/12S

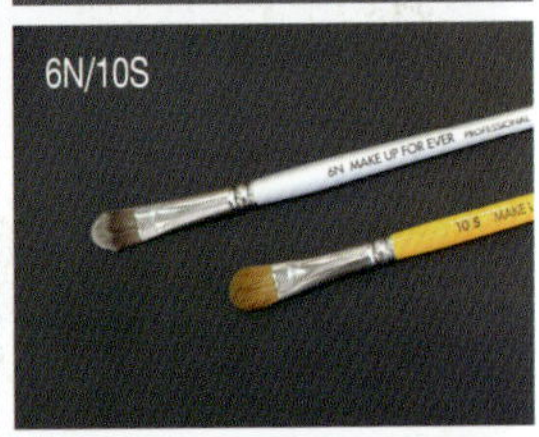

6N/10S

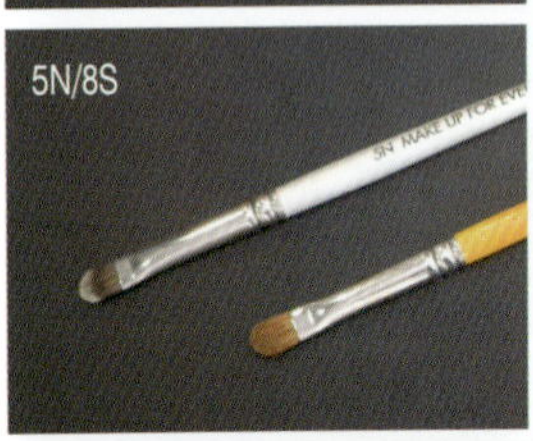

5N/8S

24S/25S

32S

부채꼴 붓

1. 0S/1N : 아트 메이크업에서 세밀한 부분을 표현할 때나 리퀴드 라인의 꼬리 부분을 올릴 때 사용
2. 3N/4N : 립스틱을 사용할 때나 컨실러를 사용하여 비구순구 주름(팔자주름)과 유난히 부각되어 보이는 주름 등을 커버
3. 5S : 다크써클 커버 또는 섀도우의 포인트 색상 사용시
4. 9N/5SB : 겉눈썹을 그릴 때 또는 아이홀을 강조하여 표현할 때 사용
5. 7N/12S : 밝은 색 베이스 섀도우용 또는 이마, 코, 턱, 볼 등의 하이라이트 사용시
6. 6N/10S : 중간 색 섀도우 용
7. 5N/8S : 포인트 섀도우 용, 그리고 섀도우의 그라데이션 표현할 때 사용
8. 24S/25S(얼굴 수정시도 사용)/BB11 : 블러셔용
9. 26S/28S : 루스 파우더용 또는 콤팩트 사용할 때 자연스런 연출을 위해 사용
10. 30S/32S : 루스 파우더 도포 할 때 또는 가루분 청소용
11. 부채꼴 붓 : 루스 파우더를 도포한 후에 밀착되지 않은 가루분을 청소할 때 사용

눈썹 솔

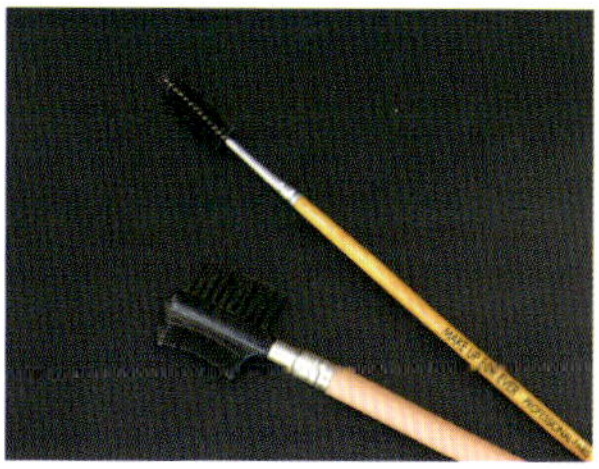

1. 눈썹을 가지런히 빗어 정리할 때 사용
2. 눈썹을 그린 후에 인위적인 모습을 자연스럽게 표현할 때 사용
3. 뭉쳐진 마스카라를 정리할 때 사용

뷰러

• 속눈썹에 컬을 줄 때 사용

속눈썹

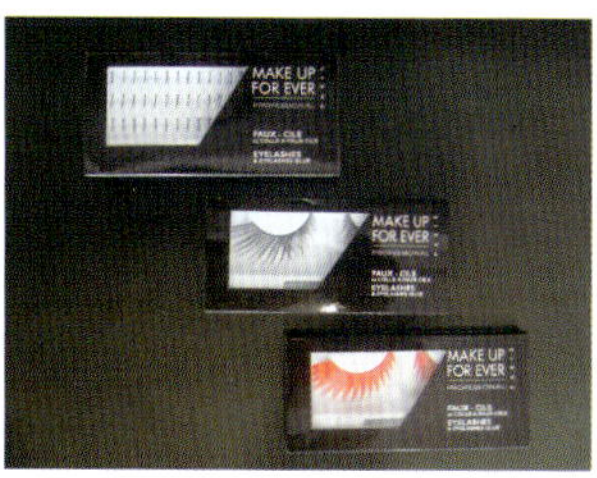

• 결혼식이나 각종 무대에서 사용하며 요즘은 낱개로 분리된 속눈썹도 종종 사용한다.

F. 제품 수납

1. 모든 '코스메틱 제품' 과 '화장 도구' 는 기후와 햇빛의 영향을 받으므로 항상 서늘한 곳에 보관할 것.

도움말

메이크업 가방의 사용은 작은 소품 등을 칸막이에 담아 사용하므로 산만하지 않고 물건을 찾는데 번거로움이 없다.

G. 제품 유효기간

일반적으로 코스메틱 제품은 유통과 유효기간이 명시되어 있지 않다. 제품회사의 양심에 맡길 뿐이다.

도움말

우리가 육안으로 알 수 있는 것 : 오랜 시간이 지나면 화장품의 구성성분이 분해되어 미끈거리고 끈적거리는 등 여러 가지 변질을 알 수 있다.

개봉 후, 1년	마스카라와 아이라이너, 메니큐어 → 품질 좋은 경우
개봉 후, 2년	립스틱, 향수, 바디로션
개봉 후, 3년	파운데이션
개봉 후, 4년	루스 파우더
무제한	아이 펜슬과 립 펜슬

★ 참고- 대부분의 코스메틱 제품은 개봉한 후에 2~3년이면 유분기가 사라진다. 가령, 오래된 '스틱 립스틱' 일수록 처음 구입하여 사용했던 질감과는 달리 사용감이 뻑뻑하다.

도움말

모든 코스메틱 제품은 직접 손을 사용하여 양을 조절하는 것보다는 제품의 변질을 줄이기 위해서 '면봉' 또는 '작은 스파출라' 를 사용하는 것이 위생면에서도 안전하다.

H. 내 피부에 맞는 제품성분

a. 지성 피부, 악지성 피부, 여드름성 피부

소독제 · 살균제	유황, 프로폴리스, 꿀, 라벤더, 크로렉시딘, 효모, 소나무, 홉(houblon), 멘톨
수렴제	알륀, 레몬, 카씨스, 캄페, 샐비어, 미틸, 찔레나무(eglantier), 붓꽃(iris)
피지조절	광대수염, 백자작나무, 비타민 B6
순화제	바덴, 팀, 레몬, 팜플로무쓰
흡수제	카오린, 규산염(argil), 탈크

도움말

세안 후 수렴수(아스트리젠트)를 사용하여 모공을 좁혀준 뒤에 기초제품을 사용한다. 그런 후, 피지량을 조절해주는 '피지조절 크림' 또는 '피지조절 젤' 을 바른다. 그래야만 유분이 메이크업의 여러 단계의 막을 뚫고 나오는 속도가 지연된다.

- 지성피부는 영양크림은 생략해도 된다. 그러나 건성 피부인 복합성 피부나 지성 피부인 복합성 피부라면, 부분적으로 건조 부위에는 항상 영양크림을 바른다.

b. 건성 피부와 악건성 피부

수분공급	히알루론산, 천연보습인자 N.M.F., 알로베라, 오이 추출물 오일, 딸기 추출물 오일, 콜라겐, 키틴(chitine), 선인장
영양공급	밀배아 오일, 아몬드 오일, 버터나무, 호호바, 필수지방산, 로얄제리, 단백질 섬유, 당근 추출물 오일, 참깨, 라놀린

도움말

기초 제품을 도포한 후, 잘 흡수되도록 기다린다. 수분 증발을 막는 확실한 '막' 인 자외선 차단제는 필수!!!

c. 민감성 피부, 탄력 없는 피부 그리고 발진성 피부

혈관 활력제	붉은포도(무거운 다리에 사용), 마롱댕드. 센텔라시아티카, 은행
진정	아줄렌, 수레국화, 카렌듈라, 송악, 카모마일, 아미카
완화	알란토인, 글리세린산, 비타민E
보호제	밀납, 목납, 바세린, 버터나무

도움말

외부의 자극에 상관없이 쉽게 반응하지만 그것보다도 햇빛에 의한 열에 의해 규칙적으로 반응하기 쉬우므로 자외선 차단제는 아낌없이 바른다.

d. 노화성 피부

강화, 탄력	엘라스틴, 스피룰린, 피토스티뮬린, 섬유단백질, 텐진, 쇠뜨기(prele), 로즈, 숙주 단백질, 탄닌(수렴효과)

도움말

자외선은 피부의 진피조직까지 침투하여 콜라겐과 엘라스틴을 쉽게 파괴하고 탄력을 잃게 함으로 보호와 방어의 기능인 자외선 차단제를 꼭 바른 후에 메이크업을 한다.

e. 보통 피부

피부에 맞는 기초제품을 선택 한 후, 주름이나 기미의 예방을 위해서 자외선 차단제를 필수적으로 바른다.

1. 메이크업 베이스 기능

1. 피부톤을 정리 해주면서 혈색을 아름답게 표현해준다.
2. 메이크업 베이스의 색상 선택에 따라서 혈관 확장의 피부, 다크서클, 가벼운 색소침착 등으로 인한 문제점을 수정 할 수 있다.

도움말

메이크업 베이스의 사용은 얼굴의 색소침착, 기미, 또는 주근깨를 어느정도 감추어주므로 파운데이션을 여러 차례 두껍게 바를 필요 없다.

a. 나만의 메이크업 베이스의 색상 선택

오렌지색	1. 탁한 피부에 생기를 주고 황달기 또는 노란톤의 피부에 사용하면 탠닝/브론즈의 효과를 준다. 2. 피로한 피부의 혈색을 좋게 표현한다.
보라색	1. 혈색이 없고 칙칙한 피부를 빛나게 표현해준다. 2. 노란톤의 피부에 사용하면 활기 있는 피부를 연출할 수 있다.
파란색	창백한 얼굴에 붉은 발진의 톤을 완화시킨다.
초록색	붉은 피부톤을 중화시켜준다(여드름성 피부포함).
분홍색	회색빛의 경향이 있고 광택 없는 피부톤을 밝게 표현해준다.
흰색	밝고 환한 피부를 표현한다(만약, 흑인에게 사용한다면 얼굴빛이 회색으로 표현되므로 피한다).

★ 참고- 제품회사에 따라서 선택한 색상의 명도와 채도 기준이 약간씩 다르므로 비슷한 색상을 선택하여 사용해도 별 문제가 없다.

도움말

• 메이크업 베이스의 막
  a. 건성피부 타입: 파운데이션이나 파우더의 '탈크' 성분이 유분을 흡수하는 것을 저하시킨다. 메이크업을 다 하고나서도 들뜨지 않게 하므로 반드시 사용한다.
  b. 지성피부 타입: 과잉으로 분비되는 유분(피지)이 외부로 배출되는 속도를 지연시켜준다. 그러므로 메이크업이 오래 지속되도록 도와준다.

b. 메이크업 베이스 색상 선택의 원리

우리는, '붉은 피부에는 초록색 메이크업 베이스를 사용한다' 고 공식처럼 알고 있다. 붉은 피부는 초록색 베이스! 왜? 색상환에서 반대 관계인 색인 '보색' 을 사용했을 경우는 본래의 성질을 잃어버리게 해주기 때문이다. 메이크업적으로 표현하자면 색을 완화시켜준다.

붉은 색의 보색 → 초록색
노랑색의 보색 → 파란색

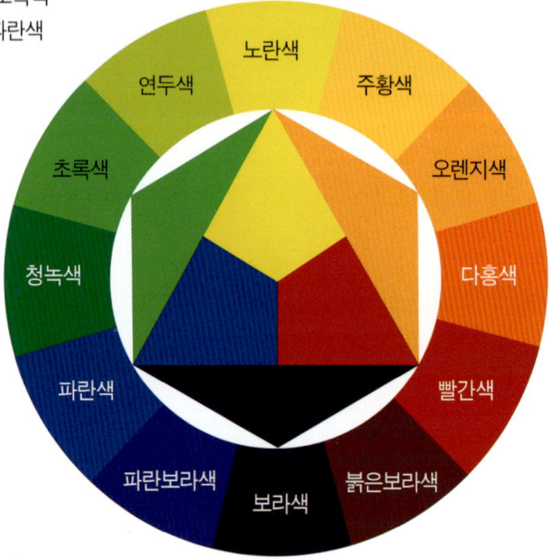

1. 파운데이션

리퀴드 파운데이션, 스틱 파운데이션, 크림 파운데이션, 젤 파운데이션 등의 사용목적은 피부를 부드럽고 윤기있게 표현하는데 있다. 메이크업을 매일 해야 할 경우에는 가벼운 질감의 리퀴드 파운데이션을 사용하여 피부를 투명하고 자연스럽게 연출한다.

하고싶은 말

"파운데이션이 피부호흡을 방해 한다" 고 하는 말에 귀를 기울일 필요는 없다. 파운데이션을 생략하는 것보다는 파운데이션을 사용함으로써 많은 이점을 주기 때문이다.
메이크업에서 가장 중요한 것은 심리적인 효과가 차지하는 비중이다.
내가 사용하는 제품이 최상이고 효과가 있으며 '나는 정말 아름다워 질 수 있다' 는 믿음이 필요하다. 다시 말하면 메이크업에서도 "플라시보 효과"를 기대 할 수 있다.

a. 파운데이션 구성

파운데이션의 구성 성분

- 탈크(유분흡수) + 미네랄오일(입자가 식물성 오일보다 굵으므로 모공으로 흡수가 안 됨) + 물 + 색소 + 방부제 + 향

★ 참고-휘발성 실리콘 오일 : 파운데이션의 촉감을 부드럽고 마트하게 해준다.
실리콘 : 코스메틱 제품을 만드는데 폭넓게 사용된다. 예)립스틱, 제모용 왁싱, 컨실러...

b. 나만의 파운데이션 질감 선택

아름다운 피부를 연출하기 위해서는 얼굴뿐만 아니라 목과 귀까지도 신경써서 잘 펴 바른다.

보통피부

① 모든 형태의 파운데이션을 사용 할 수 있고, 고운 피부를 가졌다면 가벼운 질감의 파운데이션을 선택한다(리퀴드, 틴티드 파운데이션).

② 여드름 자국이나 붉은 발진이 있는 피부라면 조금 더 밀착력 있는 파운데이션을 사용한다(스틱, 크림 파운데이션).

지성피부/악지성피부

· 지성 피부를 위한 마트한 리퀴드 파운데이션은 가루성분이 포함되어 있어 과다한 피지량을 조절한다.

도움말

눈 주변은 항상 소량으로 바른다(계속되는 눈꺼풀의 움직임과 유분의 분비로 아이 메이크업이 뭉쳐지거나 지워지기 때문).

건성피부/악건성피부

메이크업 베이스를 사용한 후에 W/O형 즉, 오일 성분의 형태로 이루어진 파운데이션(스틱, 크림 파운데이션, 젤 파운데이션)을 사용함으로써 외부의 자극인 바람이나 온풍기, 냉풍기로부터 수분 증발을 막아 당김 없는 편안한 피부를 연출한다.

도움말

선택한 '크림 파운데이션' 은 에센스 오일 몇 방울을 떨어뜨려 사용 한다. '스틱 파운데이션' 의 번짐이 충분하지 않다면 손등에 덜어 손가락의 체온으로 녹여 사용한다.

노화성 피부

질감이 두꺼운 파운데이션의 사용은 주름이 강조되어 보이므로 가벼운 질감을 선택한다(리퀴드 파운데이션).

도움말

펄 메이크업 베이스 → 빛을 분산시켜서 '깊은 주름' 이 엷게 보이도록 하는 특징을 가지고 있다.

땀이 많아 메이크업이 쉽게 지워지는 피부

밀착력이 강하고 물과 땀에도 쉽게 지워지지 않는 워터프루프 제품의 젤 파운데이션이나 입자가 굵은 스틱 또는 크림 파운데이션을 사용한다.

임신기간과 출산 후 피부

임신기간이나 출산 후, 여성들은 갑작스런 호르몬의 변화로 유분이 과다하게 분비된다. 이럴 때는 땀이나 유분에도 쉽게 지워지지 않는 '워터프루프 젤 파운데이션' 이나 입자가 굵은 스틱 또는 크림 파운데이션을 사용하여 막을 만들어주어 과다한 유분으로 인한 메이크업의 지워짐을 지연시킨다.

도움말

파운데이션의 생략은 시간이 지남에 따라 완성된 메이크업을 '질척한 피부' 상태로 만들 수 있다. 파운데이션이 답답하게 느껴져서 생략하는 거라면 가벼운 질감의 로션타입의 리퀴드 파운데이션을 사용한다.

c. 다양한 파운데이션의 색상 특징

베이지색 파운데이션	파운데이션의 질감과 양에 따라 피부톤을 자연스럽게 표현한다.
펄 파운데이션	얼굴에 부분적으로 하이라이트를 주거나 브론즈의 효과를 표현할 때 사용한다. 또한 빛을 분산시키므로 주름이 많은 피부에 적절하게 사용함으로서 주름을 엷게 표현해주는 장점이 있다.
그 외 파운데이션 색상	초록색, 회색, 파란색, 보라색 그리고 예외적으로 분홍색 등은 거의 차가운 느낌을 준다. 또한 아트 메이크업에서 다양한 색상을 효과적으로 나타내는데 사용할 수 있다.

이상적인 피부표현이란, 피부의 문제점들을 장점으로 살려 표현해야 한다.

1. 극심한 밝은 톤의 피부: 흰 피부는 혈색이 없는 창백한 피부로 보일 수 있다. 그러나 고민할 필요 없다.
   → 피부톤과 혈색을 고려하여 메이크업 베이스의 색상 선택.
   마무리 단계에서 볼에 혈색과 생기를 불어넣는 블러셔 표현.
2. 매우 어둡고 짙은 피부: 한 살이라도 적게 보이고 싶은 욕망을 꺾는 피부톤으로 자칫 나이 들어 보일 수 있다. 그러나 걱정할 필요 없다.
   → 피부톤을 살려 건강미 넘치는 선탠 효과의 느낌을 준다. 어떻게?
   오렌지색 또는 노란색 메이크업 베이스를 사용한 후, 선탠의 느낌을 주는 골드톤의 리퀴드 파운데이션 색상을 선택하여 도포한 후에 펄 파우더를 바른다.

d. 각종 도구를 사용한 파운데이션 표현

손을 사용하여 파운데이션을 도포하는 메이크업 아티스트가 있고 붓이나 스폰지를 이용하는 메이크업 아티스트가 있다. 도구의 사용은 개인의 취향과 선호도이며 유행의 한 부분이기 때문에 크게 문제되지 않는다.

손 사용	제품의 사용량에 따라서 가볍고 투명하게 연출 할 수 있다.
붓 사용	소량의 제품으로 투명하고 맑은 피부를 연출 할 수 있다.
스폰지 사용	밀착력이 있고 고르게 도포되며 꾸민듯한 느낌을 줄 수 있다. **도움말** 스폰지를 물에 적셔 짜준 후에 약간 촉촉한 상태에서 사용한다. 왜? 그래야만, 스폰지 자체가 제품을 덜 흡수하고 얼굴에 파운데이션을 골고루 잘 도포하기 때문이다. 그리고 사용 후에는 잘 건조시킨다.

도움말

민감성 피부나 여드름성 피부일 경우, 손에 의한 미생물의 마찰보다는 부드럽고 깨끗한 스폰지를 사용하는 것이 더 위생적이고 미생물에 의한 자극을 줄일 수 있다(사용한 후에는 항상 빨아서 말린 후에 보관한).

K. 다양한 컨실러

'파운데이션 전 또는 후' 에 사용할 수 있으며 피부에 따른 단점을 커버하기 위한 수정 용도로 사용하며 소량으로 얇게 잘 펴 바른다.

a. 나만의 컨실러 선택

팁 컨실러

가벼운 질감으로 본래의 목적은 눈가를 밝게 표현해주기 위해 사용하는 제품이나 요즘은 얼굴의 가벼운 색소침착을 커버하기 위한 다용도로 사용된다.

스틱 컨실러

밀착력이 높고 빠른 수정의 장점을 가지고 있다.

크림 컨실러(까뮤플라즈)

이 제품은 '피부학적 실험' 을 한 것으로 심한 피부 질환이나 민감성 피부 등에 해를 끼치지 않으며 자외선으로부터 피부를 보호하는 기능이 있다. 그리고 피부의 염증 부위에 직접 도포 할 수 있는 장점이 있다.

도움말

'크림 컨실러(까뮤플라즈)' 는 입자가 굵고 밀착력이 강해 피부 결점을 쉽게 커버할 수 있는 장점이 있지만 사용감이 부드럽지가 않고 뻑뻑하다. 그러므로 번짐성이 좋도록 리퀴드 파운데이션과 혼합하여 사용한다. 또한 최소량으로 잘 펴 바른다.

얇은 펜슬 컨실러

좁은 면적을 커버하거나 눈의 점막을 깔끔하게 표현할 때 사용한다. 연극 분장에서 주름을 표현 할 때 사용한다.

굵은 펜슬 컨실러

비구순구주름(팔자주름)이나 넓은 면적을 빨리 수정하고자 할 때 사용한다.

b. 컨실러를 이용한 나만의 피부 수정법

메이크업 베이스와 파운데이션 후에도 쉽게 감추어지지 않는 피부 결점은 밀착력이 좋은 '크림 컨실러' 또는 '스틱 컨실러' 를 사용한다.

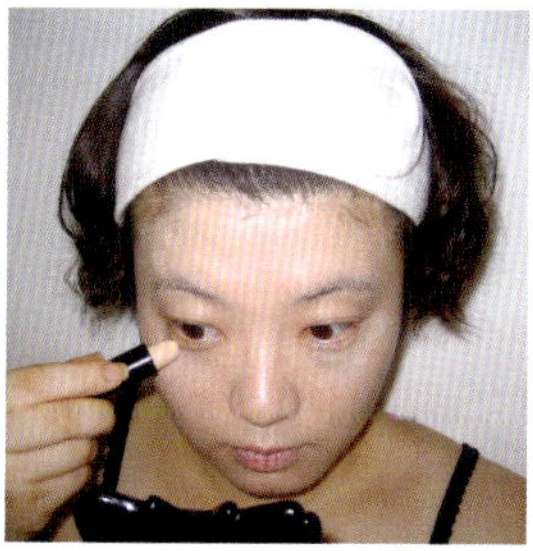

컨실러 사용 단계

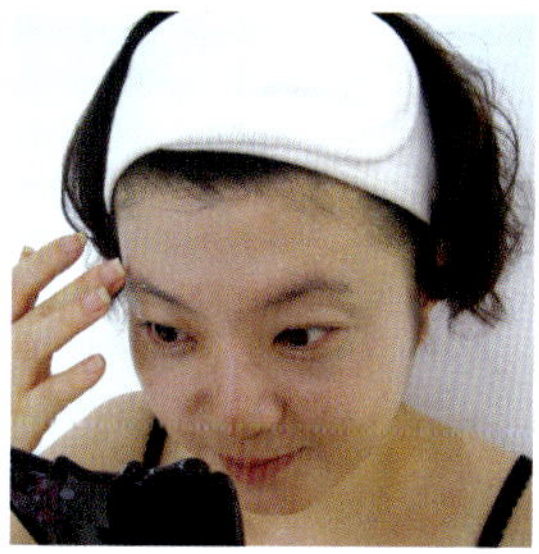

컨실러 후의 모습

여드름성피부 또는 붉은 피부

1. 붉은 피부나 혈관의 문제점으로 인한 피부, 여드름, 가벼운 정맥의 문제 등을 가졌다면 먼저 '초록색 메이크업 베이스' 를 사용하여 색을 완화시켜준다.
2. 그런 후, 그 위에 중간계열의 베이지색 파운데이션을 사용하면 붉은 색은 완전히 사라진다.

연한 기미의 피부

보라색 메이크업 베이스를 사용한 후, 파운데이션을 바르면 색이 완화된다.

짙은 기미의 피부

기미 또는 색소침착이 강하다면

1. 메이크업 베이스 단계 후에 '까뮤프라즈 크림 컨실러' 를 칠한 후, 마를 때 까지 기다리고 또 다시 칠한다(거의 안보일 때 까지 반복).
2. 그런 후, 파운데이션을 그 위에 바른다.

쿠페로즈피부(혈관이 보이는 코)

1. 보라색 메이크업 베이스를 이용하여 "쿠페로즈" 부위에 얇게 바른다.
2. 그런 후, 남은 얼굴 전체에 투명 메이크업 베이스를 잘 펴 바른다.
3. 마무리 단계에서 파운데이션을 발라준다.

1. 파우더

유구한 역사와 함께 오늘날 업그레이드 된 제품 중의 하나이며 피부표현의 모든 메이크업 단계를 보정해주는 기능을 가지고 있다.

우수한 파우더란?

1. 입자가 곱고 밀착력이 좋다.
2. 유분과 땀을 조절하는 흡착 기능도 있다.
3. 얼굴에 펴 발랐을 때 투명감이 있고 주름이 부각되어 보이지 않는다.

a. 나만의 파우더 색상 선택

내츄럴 루스 파우더	자연스러운 느낌과 함께 투명하게 표현된다.
미색 루스 파우더	눈가를 환하게 표현해주고 칙칙한 피부를 밝게 표현해준다.
보라색 루스 파우더	베이지색이나 노란색 계열의 파운데이션을 도포한 피부에 사용하면 훨씬 활기를 준다.
흰색 루스 파운데이션	파운데이션의 색상에 상관없이 피부를 밝게 표현해 주고 투명한 느낌을 연출할 수 있다.
분홍색 루스 파우더	베이지색 파운데이션 위에 사용하는 분홍색 루스 파우더는 미세하게 차가운 느낌을 주면서 환하게 표현된다.
골드펄 루스 파우더	차가운 계열의 파운데이션 색상 선택은 따뜻한 느낌으로 표현해 줄 수 있다. 그리고 강한 골드톤의 루스 파우더는 브론즈 느낌을 제공할 수 있다.

도움말

펄 루스 파우더를 제외한, 모든 루스 파우더는 생활 메이크업에서 투명한 피부 표현이 가능하며, 또한 '아트 메이크업' 에서는 선택한 유성 파운데이션의 색상에 따라서 동일계열의 루스 파우더를 사용하면 칼라 표현을 확실히 할 수 있다.

b. 루스 파우더 사용법

1. 분첩이나 붓에 분가루를 묻힌 뒤에 손바닥에서 가볍게 두들겨 주고 얼굴에 펴 바른다(사용 중에 양이 많다면 반대편 손바닥에 다시 털어서 양 조절을 한다).
2. 다 펴 바른 뒤에는 부채모양의 페이스 청소용 붓으로 얼굴에 착색되지 않은 분가루를 가볍게 쓸어준다.

c. 프레스 파우더(콤팩트 파우더)

'루스 파우더' 를 압축시킨 형태로 휴대가 간편하여 메이크업을 수정하는데 유용하며 '루스 파우더' 와 같은 기능을 한다.

d. 트웨이 케익

U.V. 자외선 차단제를 포함하고 있으며 피지를 흡수하는 능력이 뛰어나 지성피부에 효과적이다. 또한, 다음과 같은 두 가지 기능을 함께 가지고 있다.

- 마른 분첩 사용시 : 파우더와 같은 기능.
- 젖은 스폰지를 사용시 : 크림파운데이션의 기능.

도움말

루스 파우더가 아닌 콤팩트나 트웨이 케익을 사용하고 있다면 자연스러운 연출을 위해서 분첩대신 붓을 사용하여 도포할 수 있다.

M. 이상적인 눈썹

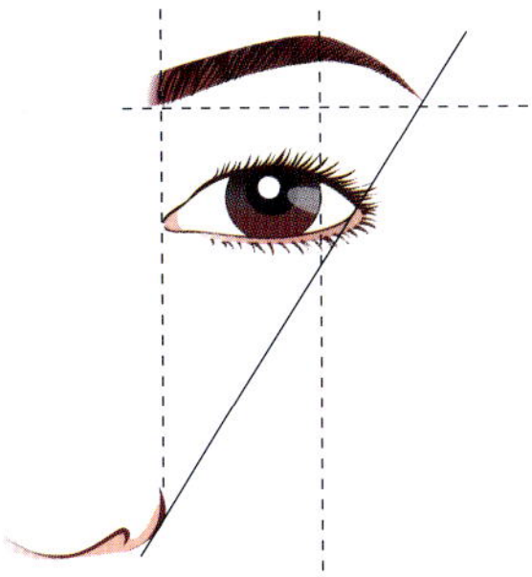

• 눈썹 제모 : 겉눈썹 아래의 가장자리를 정리하는 것으로 눈썹 머리와 눈썹꼬리가 수평을 이루어야 한다.

1. 눈썹 머리에서 콧망울로 수직으로 내린다.
2. 콧망울 끝에서 눈꼬리로 향하는 사선을 이미지로 그린다.
3. 시선은 정면을 향하고 '동공 끝'을 수직선으로 올렸을 때를 눈썹산으로 결정한다.

하고싶은 말

사람마다 얼굴형이 다르고 눈이 다르므로 얼굴과의 조화를 생각해서 적용해야 한다.

a. 나만의 눈썹 수정법

눈썹은 특징이나 인상을 나타내는 것 중의 하나로 연극에서는 배우의 성격을 나타낸다. 눈썹의 수정에 따라 다양한 느낌과 이미지를 나타내므로 얼굴과의 조화를 생각하여 신중하게 계획해야 한다.

눈썹솔이나 눈썹빗을 이용하여 정성껏 빗질하고 수정할 모습의 이미지를 생각한다.

도움말

눈썹 앞머리의 색은 부드럽게 그라데이션으로 표현한다. 어떻게? 깨끗한 눈썹솔(구피용)이나 붓을 사용하여 터치하듯 여러 차례 빗어 준다.

듬섬듬성한 눈썹(숱이 없는 눈썹)

① 아이브로우 펜슬(에보니 펜슬)을 이용하여 눈썹의 모양을 살짝 그린 후, 눈썹용 샤도우를 사용하여 덧칠한다(눈썹용 비조테: 사선 붓이 편리하다).

② 눈썹솔을 이용하여 눈썹 앞머리에 그라데이션을 주면서 자연스럽게 연출한다.

③ 과거에 다 사용한 마스카라는 버리지 말고 풍성한 눈썹 연출을 위해서 눈썹앞머리 부분에서, 눈썹 방향과 반대 방향으로 오고가면서 바른다.

눈썹 끝이 짧은 눈썹

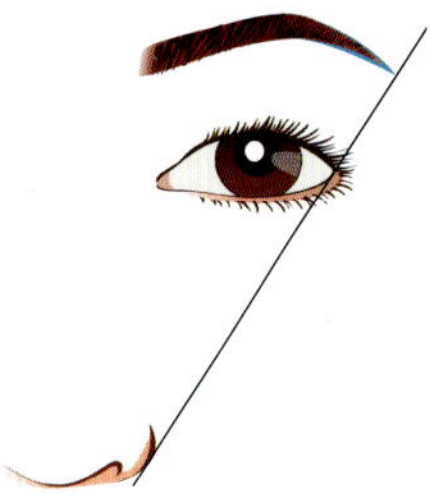

① 먼저 콧망울과 눈꼬리 끝에 사선의 이미지를 넣어 눈썹꼬리의 길이를 정한다.

② 눈썹용 샤도우를 사용하여 눈썹이 난 방향으로 자연스럽게 연장하여 그린다.

③ 눈썹솔을 이용하여 눈썹 앞머리에 그라데이션을 주면서 자연스럽게 연출한다.

눈썹 두께가 얇은 눈썹

① 아이브로우 펜슬(에보니 펜슬)을 이용하여 본래의 눈썹선보다 1~1.5mm 정도의 두께로 정교하게 그린다(진하지 않게 그릴 것).

② 자연스런 눈썹을 연출하기 위해서 눈썹 전체에 눈썹용 샤도우를 사용하여 한 번 더 매꾸어주듯 그린다.

③ 눈썹솔을 이용하여 눈썹 앞머리에 그라데이션을 주면서 자연스럽게 연출한다.

눈썹 끝이 긴 눈썹

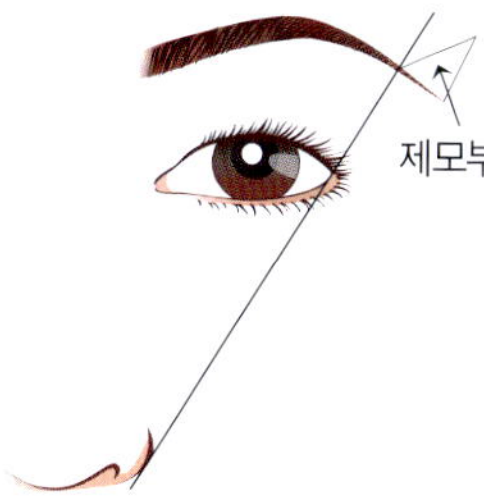

① 먼저 콧망울과 눈꼬리 끝에 사선의 이미지를 넣어 눈썹꼬리의 길이를 정한 후, 돌출된 눈썹꼬리 부분을 제모한다.

② 눈썹용 섀도우를 사용하여 자연스럽게 매꾸어주듯 그린다.

③ 눈썹솔을 이용하여 눈썹 앞머리에 그라데이션을 주면서 자연스럽게 연출한다.

두꺼운 눈썹

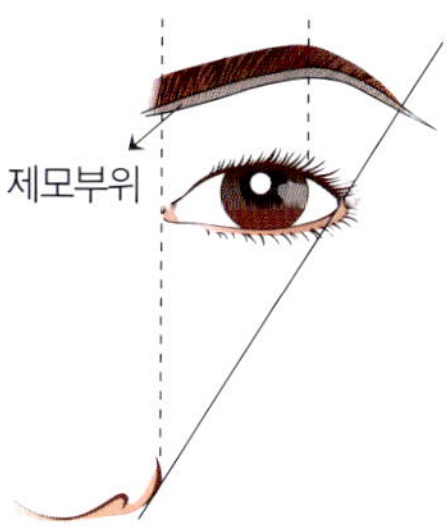

① 먼저 눈썹 아래의 가장자리를 제모한다(겉눈썹의 가장자리 윗부분 제모는 매우 드물다).

② 만약, 부분적으로 눈썹의 부족하거나 빈공간이 있다면 아이브로우 펜슬(에보니 펜슬)을 사용하여 자연스럽게 매꾸어 주듯 그린다.

③ 마무리 단계는 눈썹용 섀도우를 사용하여 가볍게 덧칠한다.

짙고 풍성한 눈썹

① 먼저, 눈썹솔이나 눈썹용 빗으로 잘 정리한다.

② 눈썹이 흩날리지 않도록 투명 마스카라 또는 헤어스프레이를 이용(눈썹솔에 헤어스프레이를 도포한 뒤에 눈썹 고정)한다.

N. 아이 메이크업

과학의 힘을 도입하여 눈을 과감히 변화시켜 수정할 수 있지만 메이크업으로도 이미지 변신이 가능하다.

a. 초보자를 위한 아이 샤도우 색상 응용

아이 샤도우 메인색 선택법

아이 메이크업에서 의상과의 조화를 고려하면 아이 샤도우의 색상 선택이 어려울 때가 간혹 있다. 아이 샤도우와 립스틱을 선택할 때는 의상과 동일한 주변 계열의 색을 선택하면 문안한 메이크업이 된다.

이럴 때는 '일곱 빛깔 무지개 색' 을 응용하자.

- 빨간색에서 그라데이션하여 자연스럽게 넘어가는 주황색
- 주황색에서 그라데이션하여 자연스럽게 넘어가는 노란색
- 노란색에서 그라데이션하여 자연스럽게 넘어가는 초록색
- 초록색에서 그라데이션하여 자연스럽게 넘어가는 파란색
- 파란색에서 그라데이션하여 자연스럽게 넘어가는 남색
- 남색에서 그라데이션하여 자연스럽게 넘어가는 보라색
- 보라색은 다시 자연스럽게 빨간색과 연결된다.

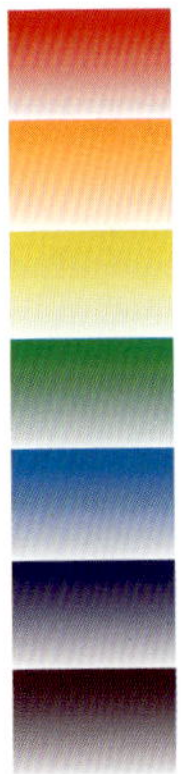

포인트색 선택법

포인트 색을 선택 할 때는 동일계열의 색을 선택하면 문안하지만 단조로움을 준다. 그러므로 무지개에서 색상이 정확히 나누어지는 경계면의 색상을 선택하면 된다.

b. 계절별 아이 샤도우 선택

봄

'봄' 이라는 이미지를 생각하면 만물이 생성하고 새싹이 파릇파릇 돋아나는 시기로 움추려 있던 생명체들이 태양을 향해 가슴을 활짝 피는 시기이다. 이러한 계절을 표현해주는 색상은 따뜻함, 발랄함, 상큼함 그리고 가벼움을 나타내는 색으로 파스텔 계열 색상, 노란색을 띈 연두빛색, 핑크색, 퍼플색 등을 주로 사용한다.

여름

'여름' 은 무더운 계절의 이미지를 탈피하여 시원하고 산뜻함을 느낄 수 있는 원색이나 원색에 가까운 색, 무채색인 흰색 등을 선택한다. 파란색, 연두색, 초록색, 흰색...

가을

'가을' 은 풍요의 계절로 성숙미와 완숙미의 분위기를 살려주는 색상을 연출한다. 브라운 계열, 코랄, 카키, 골드펄...

겨울

'겨울' 은 하얀 눈과 성애를 표현하고 상징할 수 있는 펄 색상의 이미지를 연출한다.

※여기서 계절별 '아이 샤도우' 선택은 단지 참고 일뿐이다.
색을 가지고 하는 작업은 예술의 한 분야이기에 정해놓은 규정이라는 것이 따로 있지 않다.

c. 나에게 어울리는 아이 샤도우 법

양쪽 눈 사이의 공간이 가까운 구조

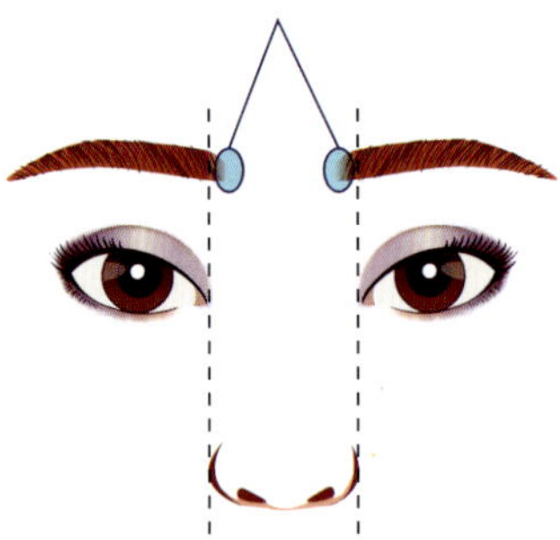

① 먼저, 겉눈썹의 앞머리 부분을 제모한다(신중하게 결정해서 할 것).

② 밝은 베이지색이나 아이보리색을 눈두덩이 전체에 펴 바른다(그래야만 다음 단계 색의 발색이 잘 된다).

③ 눈 앞머리 부분은 항상 밝게 표현하며 눈꼬리 부분은 중간색이나 포인트색으로 강조한다. 언더라인에도 중간색 샤도우를 바른다.

④ 선택한 재료로 아이라인(리퀴드, 펜슬, 샤도우)을 그려서 눈매를 또렷하게 표현한다.

⑤ 마스카라를 사용할 때는 속눈썹을 최대한 눈썹꼬리 쪽으로 향해 밀어준다. 언더라인에도 바른다.

⑥ 마무리 단계에서 시선 분산을 위해서 눈과 눈 사이의 콧대에 밝은 색이나 펄(펄+파우더 또는 펄+밝은 색 샤도우)을 가볍게 칠한다.

눈 사이의 공간이 먼 구조

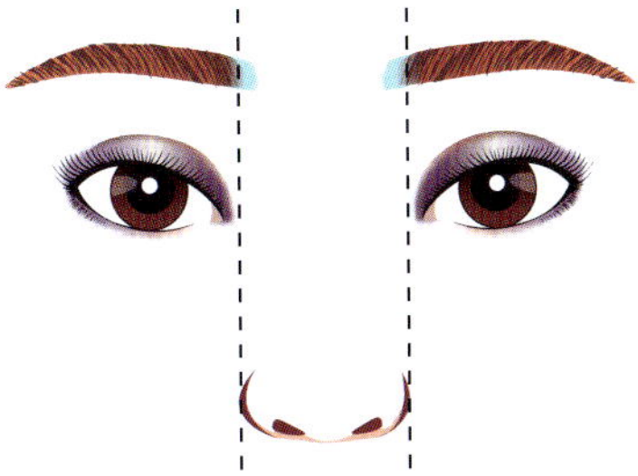

눈썹의 앞머리는 미간 쪽으로 자연스럽게 연장하여 그라데이션한다.

① 밝은 베이지색이나 아이보리색을 눈두덩이 전체에 펴 바른다(그래야만 다음 단계 색의 발색이 잘 된다).

② 선택한 메인색을 쌍거풀 라인까지 칠한 후에 잘 펴 바른다. 그리고 언더라인에도 바른다.

③ 짙은 샤도우색 계열로 눈앞머리에 포인트를 준다(눈 사이의 먼 공간을 협소해 보이도록 하기위하여).

④ 선택한 아이라인을 그려 눈매를 또렷하게 표현한다.

⑤ 마스카라는 눈앞머리로 향하여 집중적으로 바른다. 언더라인에도 바른다.

겉눈썹과 눈꺼풀의 공간이 넓은 눈(동양사람)

① 먼저 밝은 베이지색이나 아이보리색을 눈두덩이 전체에 펴 바른다(그래야만 다음 단계 색의 발색이 잘 된다).

② 메인색을 이용하여 눈꺼풀 중앙에까지 잘 펴 바른다. 그리고 언더라인에도 바른다.

③ 깊이 있는 눈을 표현하기 위해서 리퀴드 아이라이너를 이용하여 먼저, 윗눈매를 그린다. 그리고 마를 때 까지 기다린다.

④ 그런 후, 선적인 아이 라이너를 면의 느낌으로 표현하기 위하여 짙은색 샤도우를 사용하여 아이 라이너 위에 덧칠한 후에 붓으로 잘 펴 바른다.

⑤ 마스카라를 속눈썹 위와 아래로 사용하여 풍성한 속눈썹을 연출한다.

겉눈썹과 눈꺼풀의 공간이 협소한 눈

어두운 계열의 섀도우는 아이홀을 더 좁아 보이도록 하므로 항상 밝은 색 계열의 섀도우를 사용한다. 가능하다면 눈썹아래를 제모한 후에 아이메이크업을 시작한다. 그리고 겉눈썹도 살짝 올려서 그린다.

① 먼저 밝은 베이지색이나 아이보리색을 눈두덩이 전체에 펴 바른다(그래야만 다음 단계 색의 발색이 잘 된다).

② 선택한 밝은 메인색을 위눈꺼풀과 언더라인에 칠한다.

③ 펜슬 라이너를 사용하여 윗눈썹 사이사이를 매꾸듯이 칠하여 라이너를 그린 후, 같은 계열의 섀도우를 사용하여 덧칠한다(아이 라이너를 얇게 연출한다). 또는 리퀴드 라이너를 사용할 수 있다.

④ 속눈썹이 풍부해 보이도록 먼저, 베이스 마스카라를 바른 후에 마스카라를 여러 번 칠한다.

처진 눈

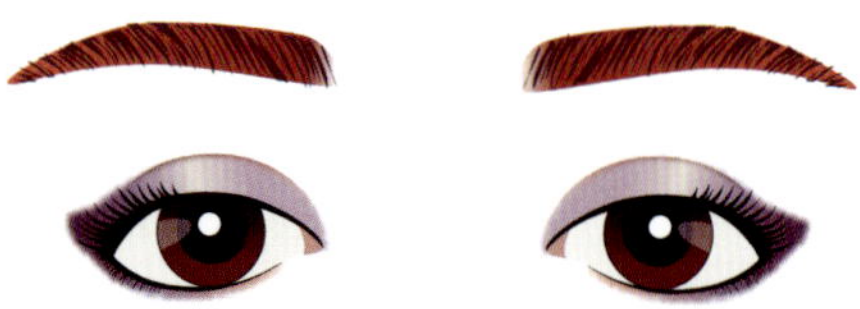

① 먼저 밝은 베이지색이나 아이보리색을 눈두덩이 전체에 펴 바른다(그래야만 다음 단계 색의 발색이 잘 된다).

② 선택한 메인색을 쌍꺼풀 라인까지 펴 바르면서 눈꼬리 부분에서는 관자놀이 방향으로 부드럽게 올려서 표현한다.

③ 포인트 색상은 눈꼬리 쪽으로 올려서 강조하되 언더라인으로 내려오지 않게 연출한다.

④ 아이 라이너는 눈꼬리 부분을 약간 올려서 그린다. 깔끔하게 눈꼬리를 표현하기 위해서는 리퀴드 라이너의 사용이 편하다.
⑤ 마스카라는 관자놀이 방향으로 최대한 올려서 칠한다.

작은 눈

① 먼저 색의 발색을 위해서 밝은 베이지색이나 아이보리색을 눈두덩이 전체에 펴 바른다.
② 밝은 계열의 메인색을 사용하여 쌍꺼풀 라인까지 펴 바른다. 그리고 언더라인에도 바른다.
③ 눈이 커보이도록 하기 위해서 펜슬 라이너를 사용하여 윗 라이너를 그린 후에 번지지 않도록 섀도우를 덧칠한 후, 그라데이션을 한다(깔끔한 라이너 표현을 위해서 면봉을 사용하여 점막 부분을 닦아낸다).
④ 언더라인에는 약간 진한 색의 섀도우를 사용하여 얇게 그린다.
⑤ 리퀴드 라이너를 사용하여 윗 아이라이너를 한 번 더 그린다.
⑥ 속눈썹이 풍부해 보이도록 먼저, 베이스 마스카라를 바른 후에 마스카라를 여러 번 칠한다.

0. 립 메이크업

매력적인 입술을 연출하기 위해서는 먼저, 입술의 균형을 주의깊게 관찰해야 한다. 만약 펜슬로 립 라이너를 그리지 않고 곧바로 진한 립스틱이나 유분이 많은 립그로스를 사용할 경우는 시간이 지나면서 '피부 소구(피부 표면의 우묵한 주름선)' 를 따라서 입술라인의 바깥으로 미세하게 번진다.

a. 입술 그리는 순서

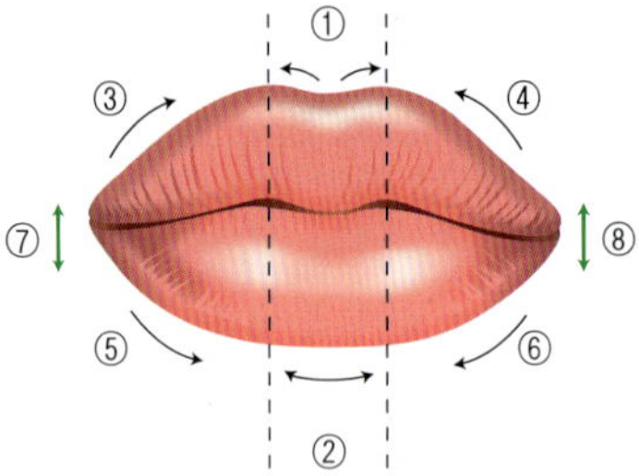

b. 입술 수정법

작은 입술

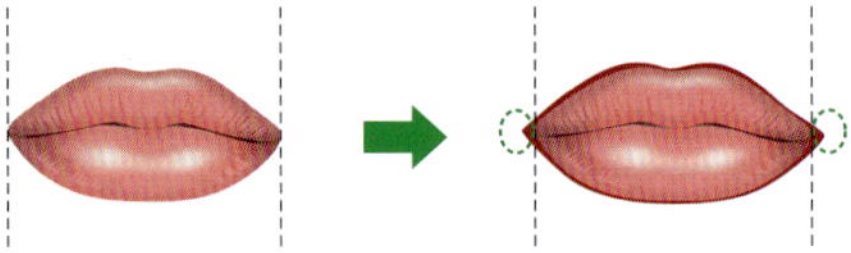

① 선택한 립 펜슬을 사용하여 윗입술의 양끝 가장자리 접합부를 1mm 정도 길게 연장한 후, 자연스럽게 윗 입술선에 맞추어서 그린다.

② 아랫입술도 양끝 가장자리 접합부를 1mm 정도 길게 연장하여 균형 있게 그린다.

도움말

실제로 아랫입술이 윗입술보다 도톰해야 예뻐 보인다.

③ 새로 그린 입술선이 자연스럽게 보이도록 립 브러쉬를 사용하여 원래의 입술처럼 보이도록 자연스럽게 그라데이션 한다.

④ 선택한 립스틱 또는 립밤을 바른다.

⑤ 매력적이고 촉촉한 입술을 연출하기 위해서 투명한 립그로스나 동일 계열 색을 아랫입술에만 바른다.

얇은 입술(주로 유럽인, 서양인)

얇은 입술은 동양인보다는 유럽인이나 서구인의 입술 형태이다.

① 얼굴과의 조화를 생각하여 본래의 입술선보다 1mm 정도 두껍게 윗입술과 아랫입술선 전체를 그린다.

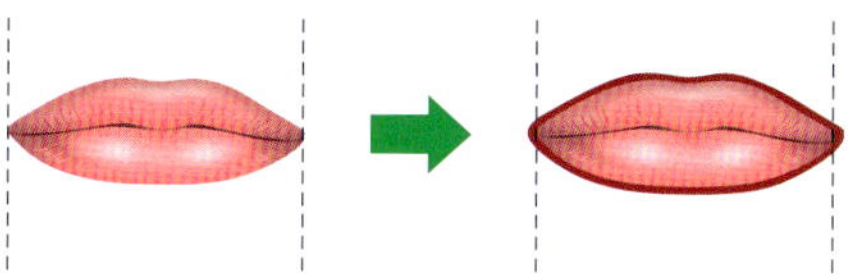

② 새로 그린 입술신이 자연스럽게 보이도록 립 브러쉬를 사용하여 원래 입술처럼 보이도록 자연스럽게 그라데이션 한다.

③ 선택한 립스틱 또는 립밤의 색상을 바른다.

④ 매력적이고 촉촉한 입술을 연출하기 위해서 투명한 립그로스나 동일 계열 색을 아랫입술에만 바른다.

좌우 비대칭 입술

입술이 불균형한 비대칭이라면 선택한 입술의 크기에 맞춰 입술선을 그린다.

① 립 펜슬을 사용하여 입술선을 균형있게 그린다. 그런 후, 다시 전체적으로 입술선을 그린다.

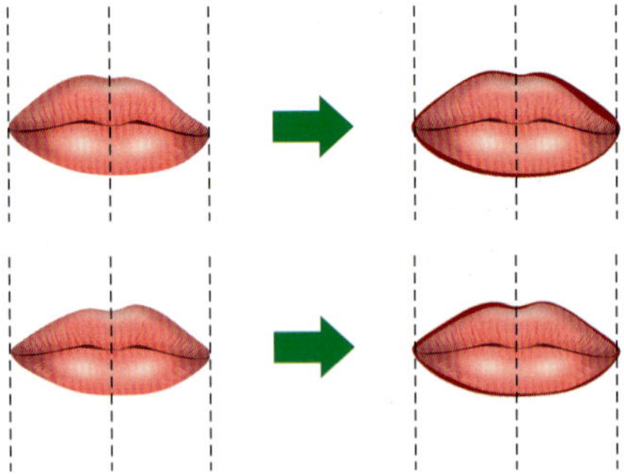

② 입술선이 자연스럽게 보이도록 립 브러쉬를 사용하여 원래 입술처럼 보이도록 자연스럽게 그라데이션 한다.

③ 선택한 립스틱 또는 립밤의 색상을 바른다.

④ 매력적이고 촉촉한 입술을 연출하기 위해서 투명한 립그로스나 동일 계열 색을 아랫입술에만 바른다.

쳐진 입술

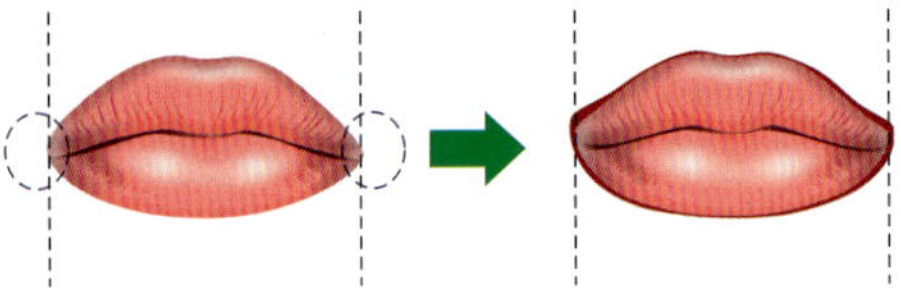

입술 양쪽이 쳐진 입술은 색조 메이크업에 들어가기 전, 파운데이션 단계에서 '베이지색 펜슬' 이나 '컨실러' 를 사용하여 먼저, 입술 가장자리의 접합부를 꼼꼼히 가려준다.

① 쳐진 입술의 가장 자리는 메이크업에 의해 감추어진 상태이므로 의식하지 말고 립 펜슬을 사용하여 자연스럽게 입술선을 그리며 입꼬리는 살짝 올려서 그린다. 립 펜슬이 뾰족해야 입술의 가장 자리를 쉽게 그릴 수 있다.

② 새로 그린 입술선이 자연스럽게 보이도록 립 브러쉬를 사용하여 원래 입술처럼 보이도록 자연스럽게 그라데이션 한다.

③ 선택한 립스틱 또는 립밤의 색상을 바른다.

④ 매력적이고 촉촉한 입술을 연출하기 위해서 투명한 립그로스나 동일 계열 색을 아랫입술에만 바른다.

두꺼운 입술(주로 흑인)

두꺼운 입술은 동양인 보다는 흑인 입술 형태의 특징이다.

① 색조 메이크업에 들어가기 전, 파운데이션 단계에서 스틱 컨실러 또는 크림 컨실러를 사용하여 입술의 테두리선 부분을 꼼꼼히 가려준다.

② 베이지색 펜슬을 사용하여 한 번 더 본래의 입술선보다 1mm 정도 작게 그린다.

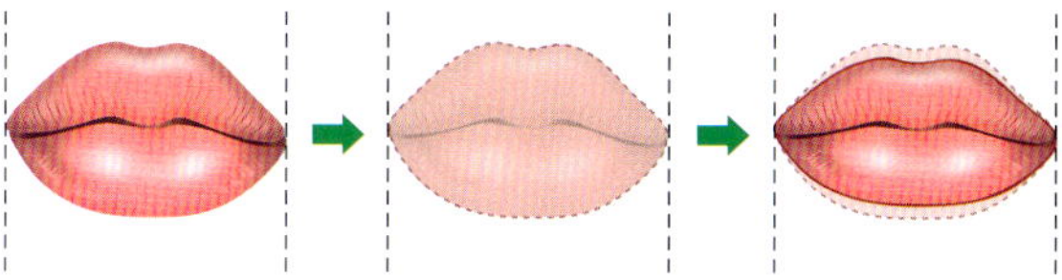

③ 얼굴 전체에 피부표현인 루스 파우더나 콤팩트를 바를 때는 입술의 테두리를 신경써서 꼼꼼히 바른다.

④ 두꺼운 입술의 가장 자리는 메이크업에 의해 감추어진 상태이므로 의식하지 말고 립 펜슬을 사용하여 자연스럽게 입술선을 그린다(애써서 입술 크기를 감춘 상태이므로 실수로 입술을 크게 그리지 말 것).

⑤ 새로 그린 입술선이 자연스럽게 보이도록 립 브러쉬를 사용하여 원래 입술처럼 보이도록 자연스럽게 그라데이션 한다.

⑥ 선택한 립스틱 또는 립밤의 색상을 바른다.

⑦ 매력적이고 촉촉한 입술을 연출하기 위해서 투명한 립그로스나 동일 계열 색을 아랫입술에만 바른다.

도움말

입술의 축소 효과를 위해서 입술 주변에 파운데이션과 컨실러를 바른 상태이므로 립 펜슬 사용 없이는 입술 모양을 제대로 연출할 수 없다.

P. 임신기간 동안의 피부의 변화

a. 9달간, 임신 상태인 여성의 변화 모습

1. 급격한 '호르몬 변화' 로 건조한 피부 질환이 되거나 또는 여드름성 피부가 된다.
2. 임신 4개월 쯤, 여성들은 유분이 없는 칙칙한 피부가 되며 '기미' 가 나타나기 시작한다. 이런 현상은 출산 후에는 대부분 사라지지만 간혹 몇 개는 남는다.
3. 얼굴과 몸의 실루엣은 둔탁해진다.

도움말

임신기간 동안의 메이크업이, 임신 전의 평소 메이크업보다 잘 지워지는 것은 과다한 유분이 분비되어 메이크업의 성분을 분해하기 때문이다. 그러므로 '피지 조절 크림' 이나 '피지조절 젤' 을 사용하여 피지를 조절하고 자외선 차단제, 메이크업 베이스, 파운데이션 등을 순서적으로 사용하여 여러 단계의 막을 만들어 주는 것이 중요한다. 그래야만 유분이 분비되는 속도가 지연되어 메이크업이 오래 지속되도록 해주기 때문이다.

b. 임신 기간 동안의 셀프 피부관리

a. 피부톤을 맑게 하며 세포재생의 활성화를 돕는 고마쥬(얼굴 스크럽)를 한다.

건성피부	일주일에 1번 정도
지성피부	일주일에 2번 정도.
여드름성의 민감한 피부	'저자극 세안형 고마쥬' 를 사용하여 얼굴에 도포한 후, 1~2분 정도 가볍게 맛사지를 한 후에 헹군다.

도움말

고마쥬 후에는 물리적으로 띄어낸 피부의 각질층을 보호하고 재생하기 위해서 '앰플' 또는 '영양크림' 을 사용한다.

b. 얼굴에 활력과 생기를 주는 마스크 크림를 한다.

지성피부	일주일에 2번 정도 모공을 청소하고 과다한 유분을 흡수하는 '머드팩' 이나 '해초 마스크 크림' 을 한다.
건성피부	일주일에 2번 정도 수분과 유분을 보충해주는 '마스크 크림' 을 한다.
민감성 피부	일주일에 2번 정도 콜라겐 시트 마스크를 한다.

c. 임산부 메이크업

1. 내 피부에 맞는 기초 제품 사용

지성피부/ 악지성피부	임신 기간 동안 피지의 과다분비가 더 뚜렷해진다. 이러한 경우는 피부 청결에 신경을 쓰고 일주일에 1~2번 정도 과다한 피지를 빼주는 '머드팩' 을 한다.
건성 피부/ 악건성 피부	기초 제품을 충분히 바르지 않고 색조 화장에 들어갈 경우, 부족한 피지 분비와 파우더의 흡수로 인해 시간이 지나면 메이크업이 부스럼 따위의 딱지 형태로 남을 수 있다.

2. 자외선 차단제 사용(자외선 차단제가 포함된 메이크업 베이스나 파운데이션 제품을 사용한다면 생략해도 된다)

3. 피부색에 따른 '메이크업 베이스' 선택

- 보라색 : 칙칙한 피부를 맑게 표현. 황달기 있는 피부를 중화시킴.
- 오렌지색 또는 노란색 : 칙칙한 피부를 맑게 표현(임산부에게 대체적으로 무안한 색상)
- 초록색 : 붉은 피부 완화시킴.

지성피부/ 악지성피부	메이크업 베이스의 '유분막' 은 화장이 쉽게 지워짐을 지연시킨다.
건성 피부/ 악건성피부	메이크업 베이스의 '유분막' 은 당김 없이 화장이 오래 지속되도록 도와준다.

4. 피부톤 수정

'붉은 여드름' 이나 '붉은 발진' 이 있다면 메이크업 베이스 단계에서 부분적으로 ‘초록색 메이크업 베이스’를 이용하여 얇게 잘 펴 바른 후, 건조시킨 후에 초록색 메이크업 부분을 도포한 부위는 제외하고 ‘투명 메이크업 베이스’ 또는 ‘오렌지 색 메이크업 베이스’를 바른다.

5. ‘젤 파운데이션’ 또는 ‘크림 타입 파운데이션’ 선택

촉촉한 스폰지를 이용하거나 붓, 손가락을 사용하여 얼굴 전체에 고르게 펴 바르고 남은 여분으로 목과 귀에 자연스럽게 바른다.

6. 펄 베이스 +파운데이션을 이용한 얼굴형 수정법

참고

과거에는 ‘브라운 색’과 같은 어두운 색 위주로 얼굴 수정을 했지만 요즘은 본래의 피부톤을 맑게 정리해주면서 화사하게 표현해주는 밝은 톤 위주의 얼굴 수정을 한다.

도움말

눈 아래의 부분은 항상 밝게 표현한다.

긴 얼굴형	이마가 긴 편일 경우, T존 부위 이마를 3등분으로 나누었을 경우에 본래의 피부톤에 맞는 파운데이션을 바른 후에 한 단계 밝은 파운데이션이나 펄을 섞어서 사용하여 가로선으로 펴 바른다. 턱이 긴 편일 경우도 마찬가지이다.
짧은 얼굴형	T존 부위에서부터 인중, 턱 그리고 Y존 부위인 다크써틀 부분은 본래의 피부톤에 맞는 파운데이션을 바른 후에 한 단계 밝은 파운데이션이나 펄을 섞어서 사용하여 세로로 길게 연장하여 펴 바른다.

7. 컨실러를 사용한 기미와 그 외 단점 수정법

선택한 컨실러를 수정할 부위에 바른 후, 얇게 펴 바른다. 크림 컨실러를 사용할 경우는 질감이 뻑뻑함으로 리퀴드 파운데이션을 혼합하여 사용한다.

8. 투명한 피부 표현의 '루스 파우더'

1. 파우더를 묻힌 붓이나 분첩을 사용하여 손등이나 손바닥에서 먼저, '양 조절' 을 한다.
2. 얼굴과 목, 귀까지 꼼꼼히 바른다.
3. 청소용 붓으로 분가루를 털어낸다.

9. 눈썹솔을 사용하여 겉눈썹의 가루분을 좌우로 털어내고 눈썹결을 정리

10. 자연스런 눈썹 연출을 위한 '케익 타입 섀도우' 사용

1. 눈썹용 붓을 이용하여 메꾸어주듯 그린다. '샤프한 이미지' 를 주고 싶다면 눈썹산을 약간 각이 있게 표현한다.
2. 눈썹의 마지막 단계에서 눈썹솔을 이용하여 겉눈썹 앞머리 부분을 자연스럽게 그라데이션 한다.

도움말

머리색과 눈썹색 그리고 눈동자 색을 고려하여 자연스러운 눈썹을 연출한다.

11. 화사한 아이 메이크업

1. '아이보리색' 또는 '밝은 베이지색 섀도우' 를 이용하여 눈두덩이 전체에 펴 바른다(다음 단계의 발색을 위해서 눈두덩이 전체에 펴 바르는 것이다).
2. 메인색인 '핑크색' 또는 선택한 색을 쌍꺼풀 라인까지 펴 바른다.
3. 깨끗한 붓을 사용하여 선택한 메인색을 위로 향해 그라데이션한다(붓을 사용하는 그라데이션이 익숙지 않다면 손가락의 체온을 사용하여 그라데이션을 해도 훌륭한 아이 메이크업을 연출 할 수 있다).
4. 본인의 눈 형태에 따라서 포인트색을 강조한다(p.36~39 참고).

도움말

메인색을 선택했다면 포인트 색을 굳이 동일한 계열을 선택할 필요는 없다. 오히려 단조로워 보일 수 가 있기 때문이다.

12. 펜슬 타입의 리퀴드 아이라이너

'리퀴드 아이라이너' 는 수정이 어렵고 그리기가 다소 힘들지만 펜슬 타입의 라이너 보다는 번짐이 없고 깔끔한 선을 연출 할 수 있는 장점을 가지고 있다. 취향에 따라서 선택한다.

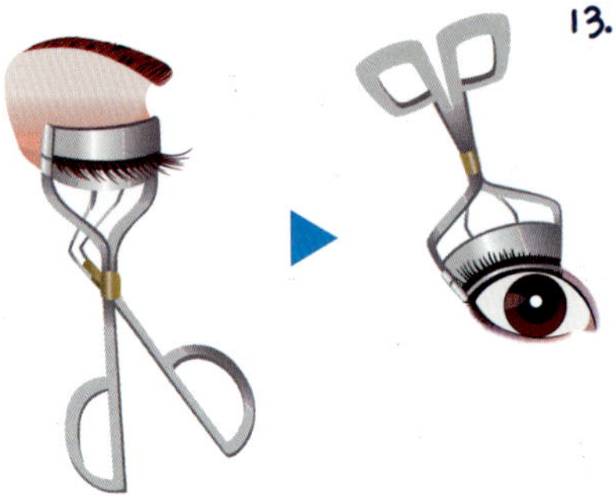

13. '뷰러' 사용

속눈썹 뿌리에서부터 속눈썹 끝까지 잘게 다지듯 가볍게 여러 차례 눌러 주면서 뺀다.

14. 잦은 피지 분비에도 끄떡 없는 '워터프루프 마스카라'

1. 풍성한 속눈썹을 연출하고 싶다면 섬유소가 풍부한 베이스 마스카라를 먼저 바른다.
2. 원하는 색상의 마스카라를 바른다.

15. 생기를 주는 블러셔

1. '피치색' 이나 '핑크색' 을 블러셔용 붓에 묻히고 손등에서 농도 조절을 한다.
2. 웃었을 때 계란처럼 볼록 튀어나온 볼 부분에서 '관자놀이' 방향으로 가볍게 굴린다. 2~3번 정도 반복한다.
3. '아이보리색 섀도우' 나 '밝은 베이지색 계열의 섀도우' 를 사용하여 광대뼈 주변, 콧등과 인중 그리고 턱 등을 다시 한 번 깔끔하고 볼륨감 있게 표현해 준다.

16. 'TEA 타임'에도 지워지지 않는 '립 메이크업'

1. 아이 메이크업의 섀도우 색을 고려하여 선택한다.
2. 붓을 사용하여 립스틱을 바른다.
3. '크리넥스'로 입술의 립스틱을 두 번 정도 눌러서 닦아낸다.
4. 분첩의 여분인 '루스 파우더'를 가볍게 입술에 묻힌 후, 또 한 번 크리넥스로 입술의 파우더를 가볍게 살짝 누른다.
5. 붓을 사용하여 립스틱을 다시 정성껏 바른다.
6. 입술에 볼륨감과 화려함을 주고 싶다면 립그로스를 덧바른다.

Q. 나이에 따른 피부 변화와 메이크업

- 청년기-호르몬 수치의 변화로 피지 분비가 많음
- 20대 → 20대 후반 : 입가의 비구순구 주름(팔자주름)을 예방 할 나이

1. 가장 아름다운 피부와 생기 있는 나이로 색조 화장보다는 피부 표현을 살려 주는 '투명 메이크업' 을 한다.
2. 메이크업의 목적은 지금의 상태보다 더 아름답게 보이기 위한 것이므로 두꺼운 메이크업은 피하는 것이 좋다.

a. 투명 메이크업

피부를 투명하게 표현해주는 것으로 소량의 재료를 가지고 메이크업을 해야 한다(단, 조건이 있다면 피부가 고와야만 한다). 가능하면 붓을 사용하여 파운데이션을 바르고 붓을 사용하여 루스 파우더를 바른다.

1. 피부타입에 맞는 기초 제품 선택

- **지성 피부**

가벼운 질감의 기초 제품을 바르고 '피지 조절 크림' 이나 '피지 조절 젤' 을 항상 바른다. 영양크림은 생략한다.

- **건성피부**

영양크림을 포함한 모든 기초 제품을 꼼꼼히 바른다. 왜?
파우더의 '탈크' 성분의 흡수와 부족한 피지 분비로 인해 파우더가 갈라지거나 딱지로 되기 때문이다.

- **복합성 피부**

지성용과 건성용, 두 가지 기초제품을 부분적으로 사용하는 것이 피부에 효과적이다.

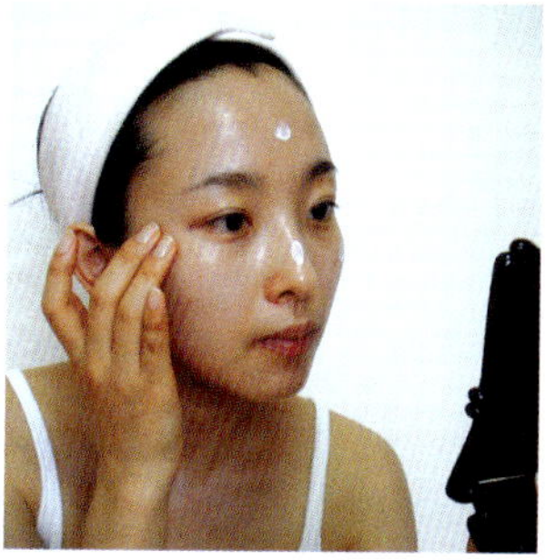

2. 자외선 차단제 사용

① 피부 타입에 상관없이 노화를 지연시키기 위해 1년 365일 항상 바른다.
② 목주름 예방을 위해서 목까지 도포한다.
③ '투명 메이크업' 의 특징인 '피부 광택' 과 '촉촉함' 을 위해서도 필수적이다.

도움말

유화제를 많이 넣은 자외선 차단제는 때처럼 밀린다.

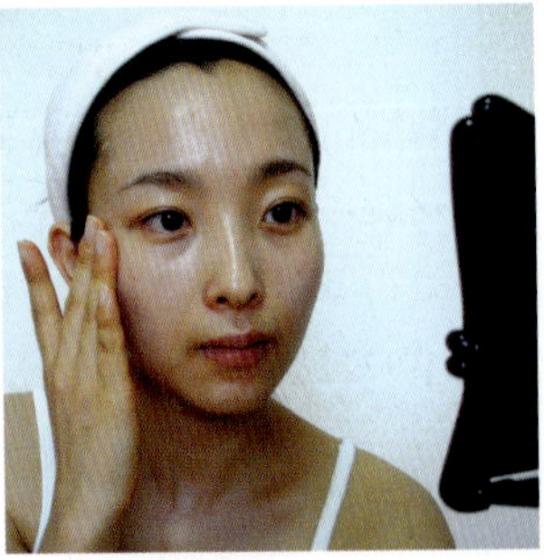

3. 피부타입에 맞는 메이크업 베이스 색상 선택

- **보통 피부**

오렌지색 또는 노란색 메이크업 베이스 선택.

- **붉은 피부나 여드름성 피부**

초록색 메이크업 베이스 선택(헤어라인과 목에 경계선이 생기지 않도록 자연스럽게 여분으로 밀어준다).

- **칙칙한 피부**

보라색이나 오렌지색 메이크업 베이스 선택

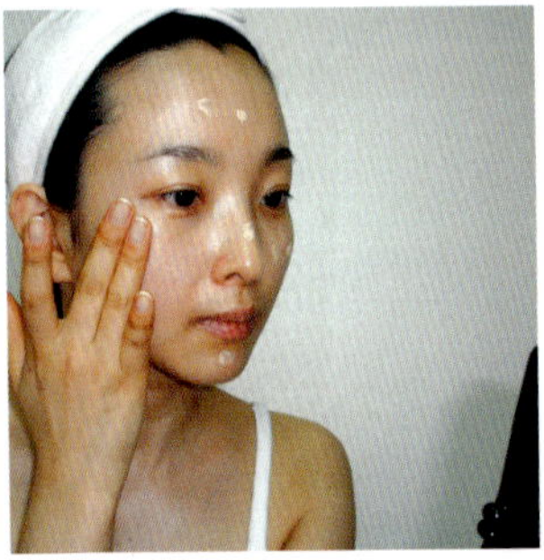

4. 가벼운 질감의 '리퀴드 파운데이션' 선택

① 붓을 사용하여 최소한의 양을 빠르게 도포해야만 붓 결이 덜 보인다(눈가는 소량이나 여분으로 마지막 단계에서 살짝 칠해줌).

② 파운데이션을 다 바른 후, 손가락으로 붓 결을 가볍게 누르며 정리한다.

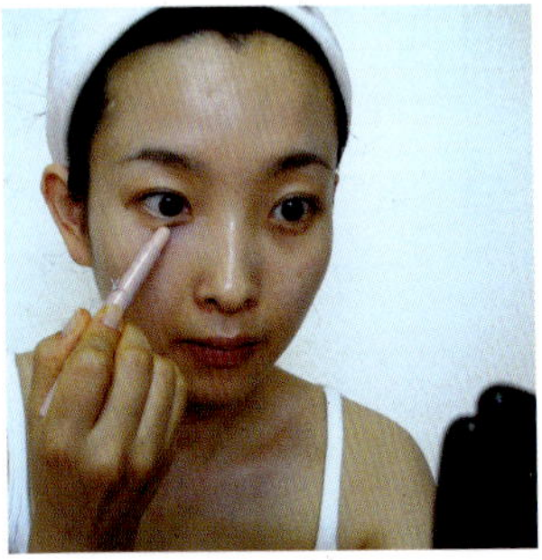

5. 결점 커버를 위한 컨실러 선택

- **다크써클 부분**

'팁 타입의 컨실러' 를 사용하여 눈가를 밝게 표현해준다.

- **진한 색소 침착이나 기미부분**

'스틱 컨실러 ' 또는 '크림 파운데이션' 사용하여 얇게 펴 바른다. 뻑뻑하여 도포가 잘 안 된다면 리퀴드 파운데이션을 섞어서 사용한다.

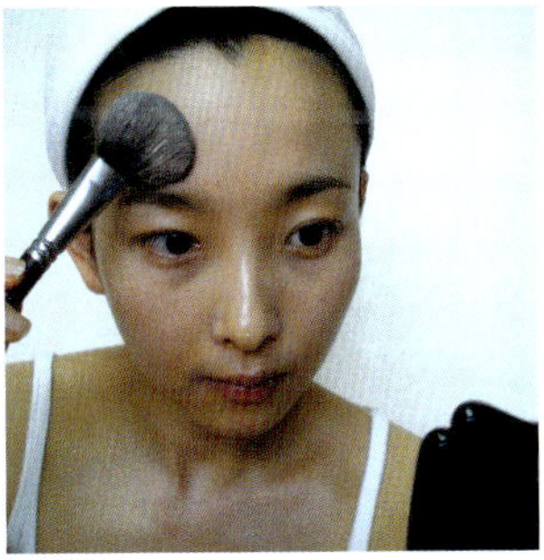

6. 가볍고 투명한 피부를 표현하는 '루스 파우더' 선택

파우더를 묻힌 붓을 손등이나 손바닥에서 먼저, '양 조절' 을 한다.

- **지성피부**

페이스용 붓을 이용하여 얼굴 전체에 바른다.

- **건성피부**

페이스용 붓을 이용하여 'T존 부위' 에 살짝 바른다.

도움말

루스 파우더를 다 도포한 후에 청소용 붓으로 얼굴에 남아있는 가루분을 가볍게 쓸어준다.

7. 눈썹솔을 사용하여 눈썹의 가루분을 좌우로 털어내고 눈썹을 정리

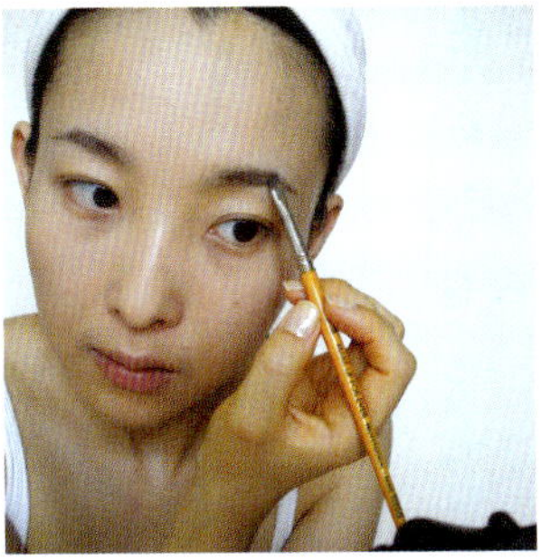

8. 자연스런 눈썹 연출을 위한 '케익 타입 샤도우' 사용

① 머리색과 눈썹색 그리고 눈동자 색을 고려하여 자연스러운 눈썹을 연출한다. 물론, 눈썹용 붓을 이용하여 겉눈썹의 빈공간을 메꾸어주듯 채워나간다.

② 눈썹의 마지막 정리단계에서 눈썹솔을 이용하여 겉눈썹 앞머리 부분을 자연스럽게 그라데이션한다.

9. 아이 메이크업

① 밝은 베이지색 또는 아이보리색 샤도우를 이용하여 눈두덩이 전체에 펴 바른다.

② 메인색인 중간색, 핑크색, 자연스런 오렌지색을 선택하여 쌍꺼풀 라인까지 펴 바른다.

③ 깨끗한 붓을 사용하여 선택한 메인색을 위로 향해 그라데이션한다(붓을 사용하는 그라데이션이 익숙지 않다면 손가락의 체온을 사용하여 그라데이션해도 훌륭한 아이 메이크업을 연출 할 수 있다).

④ 선택한 중간색을 언더라인에도 바른다.

10. 화려한 아이메이크업 연출!

'투명 메이크업' 이지만 '아이 메이크업' 을 강조하고 싶다면 포인트색을 선택하여 각자의 눈 형태를 고려(p.36~39 참고)하여 눈앞머리 또는 눈꼬리 부분을 강조한다.

11. 펜슬을 이용한 또렷한 눈매의 연출 순서

① 거울을 무릎아래에 둔다.

② 시선은 거울의 아래쪽을 본다.

③ 펜슬라이너 그릴 눈꺼풀을 손가락으로 살짝 누른다(점막이 보인다).

④ 시선은 계속 거울의 아래쪽으로 향하며 펜슬로 스케치하듯 '속눈썹 꼬리' 에서 '속눈썹 앞머

리' 쪽으로 하나하나 색칠해준다.

⑤ 오른쪽 '속눈썹 앞머리'를 칠할 때의 시선은 아래쪽을 향하며 오른쪽 바깥 얼굴을 본다(왼쪽도 동일함).

⑥ 반대편 아이라이너도 동일하다.

⑦ 펜슬라이너는 쉽게 번지므로 섀도우를 이용하여 다시 한 번 라인을 그려준 후, 면봉으로 살짝 닦아낸다.

12. '뷰러' 사용법

속눈썹 뿌리에서부터 속눈썹 끝까지 잘게 다지듯 가볍게 여러 차례 눌러주면서 뺀다.

도움말

마스카라 전과 후에 사용해준다.

13. 풍성한 속눈썹 연출을 위한 마스카라

① 풍성한 속눈썹을 연출하고 싶다면 섬유소가 풍부한 베이스 마스카라를 먼저 바른다.

② 원하는 색상의 마스카라를 바른다.

③ 아랫 속눈썹에도 바른다.

도움말

- 눈 사이의 공간이 먼 구조 → 마스카라의 방향을 코와 미간쪽으로 향하도록
- 눈 사이의 공간이 가까운 구조 → 마스카라의 방향을 얼굴바깥쪽으로

14. 생기있는 피부연출을 위한 '블러셔'

① 미소지었을 때 계란처럼 볼록 튀어나온 부분에 피치색, 핑크색의 크림샤도우를 손가락을 사용하여 가볍게 두드리며 펴 준다.

② 케익 타입의 블러셔를 사용해도 된다.

도움말

비구순구 주름 일명, '팔자 주름' 이 있다면 볼의 앞부분에 집중적인 블러셔는 피해한다. 왜?
비구순구 주름이 더 부각되어 보이므로

15. 촉촉한 '립 메이크업' 연출

피치색, 핑크색 또는 내츄럴한 립그로스를 이용하여 바른다.

도움말

얼굴에 촉촉함을 주고 싶다면,
메이크업의 마무리 단계에서 '물광 효과 크림' 을 사용하여 손바닥에 소량을 넣고 비빈 후, 이마와 볼 그리고 턱 부분에 가볍게 눌러준다.

- 30대 : 미간, 비구순구 주름을 예방 할 나이
  피지 분비의 저하로 눈밑이 건조해지며 잔주름이 생성되기 시작하고 어느 날 갑자기 '비구순구 주름(팔자주름)' 과 '기미' 를 발견하는 나이이다.
- 40대 : 목주름을 예방 할 나이(유전적으로 빨리 찾아 올수 도 있으며 사람에 따라 다르다)
  각종 산화작용으로 인해 피부가 탁하고 어두워지며 본격적인 기미와 잡티가 발생한다. 여성으로써 "젊음" 을 가장 부러워하는 시기이다.

b. 동안 메이크업

본래의 나이와 얼굴보다 어리게 표현해주는 메이크업이다. 어두운 아이 메이크업이나 진한 블러셔는 나이를 들어보이게 하는 요인이 되므로 피한다.

모든 진행은 '투명 메이크업' 과 비슷하다 (p.51~56 참고). 단지, 아이 메이크업을 자연스럽게 표현해주느냐 아니면 화려한 색상을 넣어 표현해주느냐의 차이이다.

1. 피부 타입에 맞는 기초 제품 선택
2. 자외선 차단제 사용
3. 피부타입에 맞는 메이크업 베이스 색상 선택

- 피부타입에 맞는 메이크업 베이스를 선택하여 얼굴 전체에 가볍게 바른다.
- '피부에 맞는 메이크업 베이스' 와 '펄 메이크업 베이스' 를 함께 섞어서(비율 1:1) T존 부위와 다크써클 그리고 광대뼈 주변에 도포하여 자연스럽게 바른다.

도움말

'동안 메이크업' 은 피부를 밝고 혈색 있게 표현해주는 것이며 '펄 메이크업 베이스' 를 사용함으로써 상큼한 이미지를 더해준다.

4. 가벼운 질감의 '리퀴드 파운데이션' 선택

소량의 파운데이션을 사용하여 목까지 자연스럽게 바른다(눈가는 생략, 윗 눈꺼풀은 소량).

5. 눈가를 밝게 표현해주는 '팁 타입의 컨실러' 선택

가벼운 질감의 컨실러를 사용하여 눈 아래 다크서클 부분에 넓게 펴 바른다. 콧등, 인중, 턱에도 바른 후, 손으로 자연스럽게 펴 바른다.

6. 결점 커버를 위한 컨실러 선택

도움말

'컨실러 크림' 타입이 빽빽하면 '펄 베이스' 와 혼합하여 사용해도 된다.

7. 가볍고 투명한 피부를 표현하는 '루스 파우더' 선택

- 지성 피부 : 페이스용 붓을 이용하여 얼굴 전체에 바른다
- 건성 피부 : 페이스용 붓을 이용하여 'T존 부위' 만 발라도 되고 또는 얼굴 전체에 살짝 칠해도 된다.

8. 눈썹솔을 사용하여 눈썹의 가루분을 좌우로 털어내고 눈썹을 정리

9. 자연스런 눈썹연출을 위한 '케익 타입 섀도우' 사용

머리색과 눈썹색 그리고 눈동자 색을 고려하여 자연스러운 눈썹을 연출한다.

① 눈썹용 붓을 이용하여 겉눈썹이 없는 부분을 메꾸어주듯 채워나간다.

② 눈썹산은 직선적인 강한 느낌이 아닌 부드러운 선으로 표현한다.

③ 눈썹의 마지막 단계에서 눈썹솔을 이용하여 겉눈썹 앞머리 부분을 자연스럽게 그라데이션 한다.

10. 아이 메이크업

① '베이지색', '아이보리색' 또는 '밝은 색 샤도우'를 이용하여 눈두덩이 전체에 펴 바른다(그 다음 단계의 메인색의 발색이 좋기 때문이다).
② 메인색인 중간색, 핑크색, 자연스런 오렌지색을 선택하여 쌍꺼풀 라인까지 펴 바른다.
③ 깨끗한 붓을 사용하여 선택한 메인색을 위로 향해 그라데이션한다(붓을 사용하는 그라데이션이 익숙지 않다면 손가락의 체온을 사용하여 그라데이션해도 훌륭한 아이 메이크업을 연출 할 수 있다).
④ 포인트 색을 눈의 형태에 따라서 강조한다.
⑤ 눈의 볼륨감을 주기 위해서 '흰색 펄 샤도우'나 '밝은 계열의 펄 샤도우'를 사용하여 눈을 감았을 때의 눈꺼풀 중앙에 가볍게 도포한다.

11. 펜슬을 이용한 또렷한 눈매 연출

12. '뷰러' 사용법

속눈썹 뿌리서부터 속눈썹 끝까지 잘게 다지듯 가볍게 여러 차례 눌러준다.

도움말

마스카라 전과 후에 사용해준다.

13. 풍성한 속눈썹 연출을 위한 '마스카라'

14. 생기 있는 피부연출을 위한 '블러셔'

도움말

어두운 메이크업이나 짙은 색의 블러셔는 나이를 들어보이게 하는 요인이 된다. 항상 밝은 블러셔를 선택한다.

15. 촉촉한 '립 메이크업' 연출

아이 섀도우의 색상을 고려하여 립스틱 색상을 선택한다.

① 아랫입술 중앙에 선택한 립스틱을 바른다.

② 촉촉하고 매력적인 입술의 연출을 위해서 립그로스를 덧바른다.

16. 볼륨감있는 '하이라이트 마무리'

① 얼굴에 입체감을 주기 위해서 '밝은 펄 섀도우' 나 '펄 페이스용 파우더' 를 사용하여 T존 부위인 이마와 콧등 그리고 턱에 살짝 바른다.

② '아이보리' 또는 '밝은 베이지색' 을 사용하여 광대뼈 주변을 밝게 표현한다.

- 50대 : 50대 이후, 피부 세포와 콜라겐 생성이 감소되어 탄력을 잃고 주름이 깊어지는 시기이다.
  충분한 유분과 수분공급은 활력 있고 생동감 있는 피부 연출이 가능하고 피부타입에 맞는 제품 선택과 메이크업으로 세월의 흔적을 조금이나마 감출 수가 있다.

c. 중년 여성을 위한 메이크업

처진 주름이나 깊은 주름 사이사이를 신경써서 제품을 고루 바른다. 피부가 탄력이 없는 상태이므로 펜슬 타입의 라이너 보다는 리퀴드 아이라이너의 사용이 편하다.

1. 피부 타입에 맞는 기초 제품 선택

기초 제품마지막 단계에서 수분 크림을 사용한다.

2. 자외선 차단제 사용

파운데이션에 자외선 차단제를 포함하는 제품을 사용할 수도 있지만 그것보다는 피부에 여러 차례의 보호막과 유분막을 만들어주어 촉촉함을 더해주면서 동시에 수분 증발을 막는 것이 필요한 연령 때이다.

3. 피부타입에 맞는 메이크업 베이스 색상선택

탁한 피부톤과 기미를 정리해주는 메이크업 베이스 사용은 필수이다(p.19 참고).

도움말

만약, 메이크업 베이스를 생략하고 파운데이션과 파우더를 바른다면 피부가 땅기고 맑은 피부표현의 연출에 한계가 있기 때문에 반드시 사용한다.

4. 보습 기능이 있는 '크림 파운데이션'을 선택

리퀴드 파운데이션보다는 보습력 있고 커버력 있는 크림 파운데이션을 선택한다.

① 적당한 양을 사용하여 얼굴 전체에 잘 펴 바른다. 특히, 주름이 접힌 입가와 눈가의 주름을 손가락으로 펴준 후 꼼꼼히 바른다.

② 눈두덩이와 다크써클 주변과 목과 귀는 소량이나 여분으로 살짝 바른다.

5. 눈가를 밝게 표현해주는 '팁 타입의 컨실러' 사용

① 눈 아래 '다크서클' 부분을 넓은 면적으로 얇게 잘 펴 바른다.

② 고른 도포를 위해 손가락으로 잘 펴서 마무리 한다.

6. 결점 커버를 위한 '컨실러' 사용법

① 혈색에 가장 가까운 '크림 컨실러' 또는 '스틱 컨실러'를 선택하여 손가락이나 붓을 사용하여 잘 펴 바른다.

② 컨실러를 칠한 부위가 마를 때 까지 기다리고 또다시 칠하고 마를 때까지 기다린다. 색소가 안보일 때까지 여러 차례 반복한다.

7. 가볍고 맑은 피부 표현을 위한 '루스 파우더' 선택

파우더가 잘 밀착되도록 분첩을 사용하여 펴 바른다. 깊이 패인 주름 안까지 신경 써서 바른다.

도움말

루스 파우더를 다 도포한 후에 청소용 붓으로 얼굴에 남아있는 가루분을 가볍게 쓸어준다.

8. 눈썹솔을 사용하여 눈썹의 가루분을 좌우로 털어내고 눈썹을 정리

9. 자연스런 눈썹 연출을 위한 케익타입의 샤도우 사용

① 밝은 베이지색 또는 아이보리색 샤도우를 이용하여 눈두덩이 전체에 펴 바른다.
② 메인색인 중간색, 핑크색, 자연스런 오렌지색을 선택하여 쌍꺼풀 라인까지 펴 바른다.
③ 깨끗한 붓을 사용하여 선택한 메인색을 위로 향해 그라데이션한다(붓을 사용하는 그라데이션이 익숙지 않다면 손가락의 체온을 사용하여 그라데이션해도 훌륭한 아이 메이크업을 연출 할 수 있다).
④ 선택한 중간색을 언더라인에도 바른다.

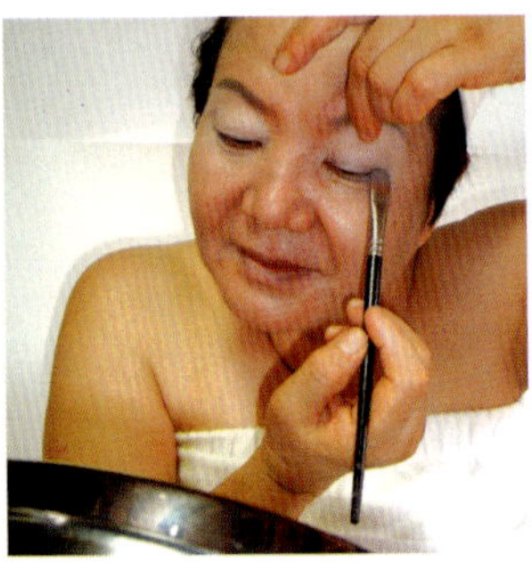

10. 아이 메이크업

눈꺼풀의 탄력을 잃은 상태이므로 피부가 밀린다. 그러므로 아이 샤도우를 바를 때에는 한쪽 손가락으로 눈꺼풀을 지탱해주면서 펴 바른다(p.34 참고).

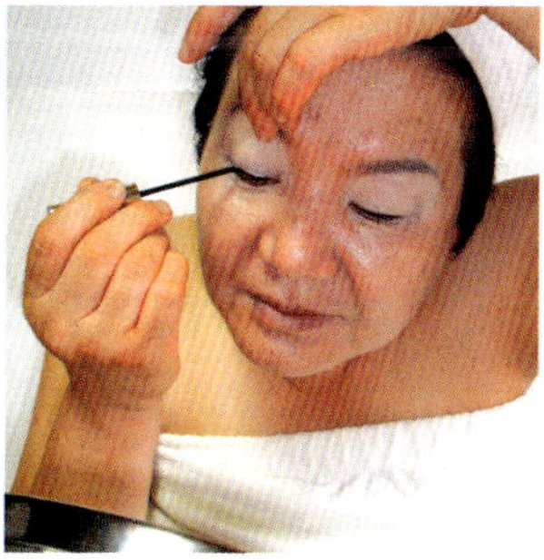

11. 또렷한 눈매연출을 위한 깔끔한 리퀴드 아이라이너

펜슬 아이라이너보다는 '리퀴드 아이라이너' 가 훨씬 수월하다. 눈가의 탄력을 잃은 상태이므로 한 쪽 손가락을 사용하여 눈 앞머리와 눈꼬리를 팽팽하게 당긴 후에 그려준다.

도움말

아이라이너를 그려주는 것이 힘들고 번거롭다면 아이라이너를 생략하는 대신에 매우 짙은 섀도우를 속눈꺼풀 가까이에 밀착하여 표현한다. 또는 피부과에 가서 예술적인 감각과 지식이 있는 전문가한테 '반영구 문신' 인 '속눈꺼풀 아이라이너' 를 해도 된다.

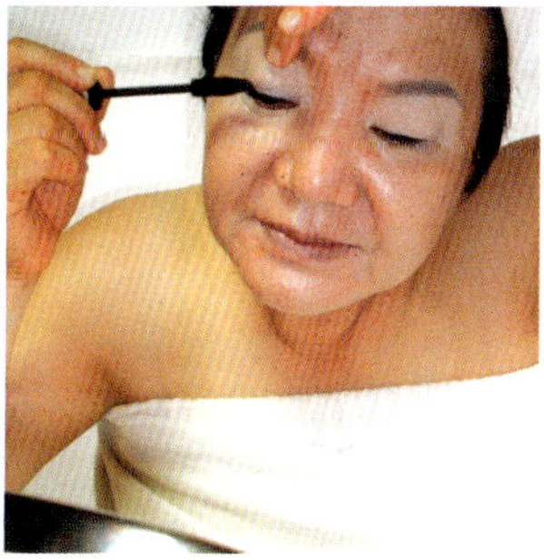

12. 풍성한 속눈썹 연출의 마스카라

13. '뷰러' 사용법

도움말

중년의 나이는 속눈썹의 숱이 감소한 상태이므로 마스카라 후에 뷰러를 사용하는 것이 좋다.

14. 생기있는 피부연출을 위한 '블러셔'

도움말

어두운 메이크업이나 짙은 색의 블러셔는 나이를 들어보이게 하는 요인이 된다. 항상 밝은 블러셔를 선택한다.

예) 살찌고 부은 얼굴 형태 수정

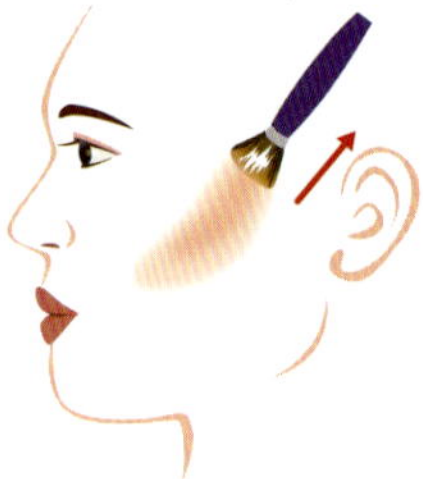

1. 먼저, 볼의 움푹패인 곳은 밝은 갈색으로 부드럽게 음영을 준다.

2. 광대뼈의 윗부분은 밝은 베이지색이나 아이보리색을 이용하여 환하게 표현해주면서 1번과 자연스럽게 연결한다.

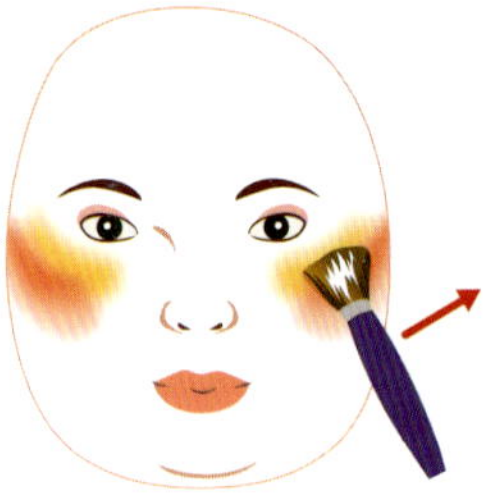

3. 혈색을 주기 위해 피치나 로즈색을 이용하여 블러셔를 표현한다.

도움말

블러셔 요령-얼굴이 길면 볼쪽에서 콧망울로 향하게.
얼굴이 짧으면 관자놀이에서 입술로 향하게.

15. 생동감 있는 '립 메이크업'

① 아이 메이크업의 샤도우 색을 고려하여 색을 선택한다.

② 붓을 사용하여 립스틱을 바른다.

③ '크리넥스' 로 입술의 립스틱을 두 번 정도 눌러서 닦아낸다.

④ 분첩의 여분인 '루스 파우더' 를 가볍게 입술에 묻힌 후, 또 한번 크리넥스로 입술의 파우더를 가볍게 살짝 누른다.

⑤ 붓을 사용하여 립스틱을 다시 정성껏 바른다.

⑥ 입술에 볼륨감과 화려함을 주고 싶다면 립그로스를 덧바른다.

• 60대 이후

- 지나치게 꾸미지 않은 듯 수수한 느낌으로 화장을 한다.
- 과학의 발달로 노화를 지연시킨다지만 어느 정도의 한계가 있는 나이이다. 노화 상태를 받아들이는 마음의 자세도 중요하다.
- 얼굴의 수정을 위해 두껍게 도포하거나 겹쳐서 여러 번 칠하는 것은 피해야 한다.

참고

1. 주름의 강조를 피하기 위해서는 가벼운 질감의 '리퀴드 파운데이션'을 선택하고 손을 사용하여 잘 펴 바른다. 깊은 주름은 한 손으로 편 후에 꼼꼼히 바른다.
2. 짙은 색소 침착 부분은 커버력 우수하고 사용 간편한 '스틱 컨실러'를 사용하여 얇게 잘 펴 바른다.
3. 눈썹은 머리와 눈의 색의 고려하여 밝고 부드럽게 표현한다.
4. 젊어 보이는 눈을 연출하기 위해 눈썹산을 살짝 올려서 그린다.
5. 눈가의 주름이 강조되어 보이므로 요란한 아이 샤도우색은 피한다.
6. 입가의 주름이 완화되어 보이도록 컨실러를 사용하여 주름 부위에 얇게 펴 바른다.

R. 스피드 5분 메이크업

'스피드 메이크업' 은 시간에 따른 제약이 있으므로 내츄럴색' 이나 ' 자연스런 중간색' 을 사용한다.

시간	재료	설명
1분	파우더	1. 붓을 이용하여 루스 파우더나 컴팩트를 칠한다. 2. 눈썹솔을 사용하여 눈썹에 묻어있는 분가루 털어낸다.
2분	스틱컨실러	1. '스틱 컨실러' 를 사용하여 수정 부분에 잘 펴 바른다. 또는, 2. 눈에 띄는 결점이 없다면 손가락을 사용하여 밝은 색의 아이샤도우 펴 바름.
3분	마스카라	속눈썹 위와 아래를 칠한다.
4분	립그로스	'내츄럴 립그로스' 를 사용한다.
5분	블러셔	피치색을 사용하여 가볍게 칠한다.

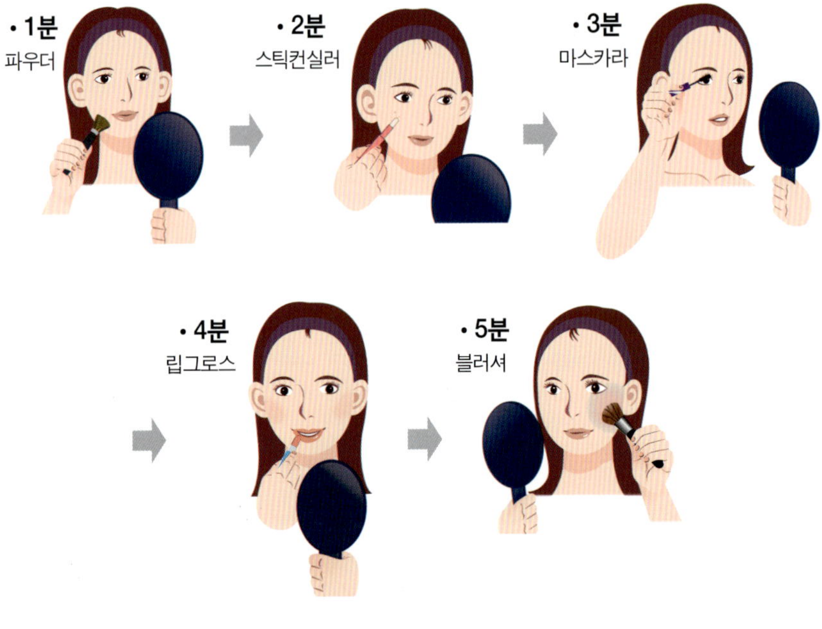

5. 아름다운 피부를 위한 예방책

a. 충분한 수면 : 피부를 가꾸는데 중요한 요소이다.

b. 물 : 자주 섭취하여 혈액순환을 통해 모세혈관으로 영양분이 빠르게 도달하도록 해주고 젊고 탄력 있는 피부가 되도록 도와준다.

c. 규칙적이고 적당한 운동 : 신진대사와 혈액순환을 도와 피부를 건강하고 탄력 있게 해준다.

d. 균형 잡힌 식사, 유기농 식단, 비타민 무기질의 섭취 : 건강한 피부를 만드는데 가장 중요한 요소이다.

Question 1.

〉〉〉제목_ 진주가루의 효능

안녕하세요?

궁금한 점이 있어 이렇게 글을 올립니다.

'진주' 는 보석, 악세사리로 많이 이용되고 식용으로도 사용되잖아요? 요즘은 진주를 파우더로 만들어서 얼굴에 바르고 스킨이나 크림과 섞어서 바른다고 합니다. 진주의 성분이 수분 공급과 영양 공급에 도움을 준다고 하는데 정말 효과가 있습니까? 또한, 상처난 곳에 바르면 치유도 빠르다고 하는데 정말 궁금합니다.

Answer 1.

_화장품의 사용에도「플라시보 효과」적용

과학적으로 증명된「진주의 효능」에 대해 말씀드리자면,

1. 피부를 약산성으로 유지
2. 혈액 순환과 세포재생을 촉진
3. 뛰어난 보습력
4. 기미를 엷게 하는 미백효과
5. 세정효과도 있어 피부를 맑게 해준다.

위와 같은 좋은 효능만을 주는「진주 성분의 화장품」제품들이 각질층을 지나, 레인방어막을 통과하고, 모세혈관까지 도달하면 얼마나 좋겠습니까?

그러나 우리 인간의 "모공 지름은 0.02~0.05mm" 입니다. 아무리 '진주' 를 초입자로 갈았다고 해도 "0.02~0.05mm의 모공"을 통해 진피층까지 침투되기는 힘듭니다.

우리의 피부 즉, 표피인 각질층은 그리 호락호락하지 않습니다. 왜? 「레인방어막」이라는 놈이 만리장성처럼 버티고 있어 물이나 이물질 등이 쉽게 들어오지 못하도록 방어하고 있기 때문입니다.

진주의 단가는 3,000~300,000원 선입니다. 여러 단계의 유통과정을 통해 화장품 샵에 진열됩니다. 진주의 크기를 고려하여 화장품 성분에 얼마만큼의 진주 양이 사용되었으며 여러 과정의 유통 단계를 거친 가격을 생각한다면, 실제로 진주 성분으로 됐다고 판매하는 화장품들의 가격과 비교하여 과연, 그 가격이 합당한지 판단이 설 것입니다.

화장에서의 중요한 것은 「플라시보」 효과입니다. 임상 실험에서 이용한 심리를 화장품에도 응용하는 다시 말하면, 내가 구입한 제품이 최상의 효과가 있는 것이라 내 피부가 지금보다 훨씬 아름다워 질 수 있다는 100%의 믿음이 필요하다는 것입니다.

Question 2.

〉〉〉제목_ 우리 언니가 식용유로...

큰일났어요!
며칠 전 우리 언니가 메이크업을 지운다고 화장대에 앉더니, "어, 클렌징오일이 떨어졌네."라고 혼자 말을 하면서 주방으로 가는 것입니다. 그러더니 화장솜에 뭔가를 묻혀오더니 아이 메이크업을 지우고 립 메이크업까지 지우는 것입니다. 그런데, 그게 뭔지 아십니까? 음식을 요리할 때 사용하는 '포도씨 기름' 인 것입니다.
사람이 먹는 것인데 기존 클렌징 제품보다 순하지 않겠냐고 하면서 천역덕스럽게 지우더군요. 제가 보기에도 아주 잘 지워졌습니다.
다음날, 언니는 공병 「클렌징오일병」에 그 포도씨 기름을 덜어다가 화장대에 놓고 사용하더군요. 잘 지워지고 식물성이라 맘에 든다고 하면서... 그리고 이제는 따로 클렌징 오일이나 크림을 살 필요 없다고 하면서 좋아하더군요.
조언자 선생님?
포도씨 기름이나 올리브 기름 등 기타 식용유로 클렌징을 해도 아무런 해가 없는 것인가요? 먹는 오일이 얼굴에 직접 닿는 거라 약간 개운하지는 않을 것 같은데... 우리 언니가 말한 것처럼 사람이 먹는 거라서 순하고 자극이 없기 때문에 피부에 사용해도 아무런 해가 없는지요? 도대체 우리 언니를 어떻게 해야 하나요? 저대로 그냥 놓아두어야 하나요? 아니면 내일이라도 당장 클렌징오일을 사다줘야 하는 걸까요?

Answer 2.

_동생분이 언니를 말리십시요!

먼저, 결론부터 말씀드리자면 제가 여분으로 가지고 있는 클렌징 크림을 언니분께 하나 드리고 싶습니다.

TV 드라마에서 여주인공이 "콩기름으로 클렌징을 하는 것"을 보고 아이디어를 얻은 것 같은데 드라마는 드라마 일뿐입니다. 생활에 응용하지 마셨으면 합니다. 우리의 피부는 입자가 작은 식물성 오일이나 지용성 비타민은 모공을 통해서 흡수하기 쉽습니다. 그러나 입자가 큰 광물성 오일은 피부안으로 흡수되지 않습니다.

메이크업을 하고 난 뒤에 화장의 이물질을 지우거나 제거하기 위해서는 클렌징을 해야 하는데 만약, 입자가 작은 식물성 오일과 크림으로 클렌징을 한다면 화장의 이물질과 함께 피부로 침투하기가 쉽겠지요?

그러나 반대로 입자가 큰 광물성 오일을 이용해서 만든 클렌징 오일이나 크림은 단순히, 메이크업의 이물질만을 지우고 모공을 통해 피부로 들어갈 염려가 없겠지요?

Question 3.

〉〉〉제목_ **황사 싫어요!**

안녕하세요. 메이크업 조언자님!

향긋한 봄바람과 함께 꽃내음도 함께 날리는 계절인데 이맘때가 되면 황사 때문에 걱정이 많습니다.

평소에는 메이크업을 거의 안하지만 황사의 계절이 되면 기초 화장품서부터 색조까지 꼼꼼하게 메이크업을 신경써서 합니다. 이러한 저의 메이크업이 옳은 것인가요?

궁금한 것은 요즘과 같이 황사가 심한 계절에 메이크업을 지우는 것입니다.

클렌징 크림을 사용하여 피부에 도포할 때에 얼굴에 앉아있는 황사가 함께 혼합되어 비벼지면서 티슈로 닦아낼때, 황사가루도 깔끔히 닦이나요? 황사 입자가 눈에 보이는 것은 아니지만, 그 입자로 인해 피부에 스크래치가 생기지는 않을까요? 황사가 심한 계절에 올바른 클렌징법과 메이크업을 알려주세요.

Answer 3.

_'황사!' 너 또 왔니?

고객님께서는 지금 "황사"와 철저히 잘 싸우고 계십니다.

"황사"에 대해 잠깐 말씀드리자면 중국에서 날아오는 단순한 모래가 아닌, 미세한 중금속 가루 즉, 카드뮴, 납, 알루미늄 등을 포함된 것입니다. 최근 들어서는 중국의 산업화로 그 무시무시한 다이옥신(베트남 전쟁에서 고엽제로 쓰인 것, 1g으로 2만명까지 죽일 수 있음)까지 합류하여 우리 지구인들을 초비상 상태로 몰아가고 있습니다.

황사의 피해는 1. 눈과 코 등의 점막 자극과 손실시킴, 2. 호흡곤란, 3. 강한 흙과 먼지는 접촉성 피부염 유발, 4. 건조한 바람은 피부의 수분을 빼앗음 → 노화의 원인, 잔주름 유발

꼼꼼한 메이크업을 하는 것도 중요하지만 외출할 때는 썬글라스, 마스크, 모자 등을 착용하시기 바랍니다. 남들 보기 부끄럽다고요? 장수하고 싶으면 자기관리에 있어서는 남들보다 독특해야 합니다.

그러면 고객님께서 걱정하시는 '황사 세례' 를 맞은 뒤의 클렌징법에 대해 말씀드리자면, 먼저 황사의 평균 크기는 20 ㎛ 즉, 1㎛는 100만 분의 1㎛로, 클렌징을 할 때 피부에 스크래치를 내서 걱정이 된다는 것보다는 몸속으로 들어가서 쌓이며, 중금속 같은 경우는 2㎛ 이하의 크기로 몸에 쌓여서 배출이 안 된다는 것이 큰 문제입니다.

방심하면 금물. 황사의 잔여물들이 모공속으로 들어가지 않게 기초 제품을 순서대로 꼼꼼히 발라 여러 층의 보호막을 만들어주어야 합니다. 당연히 멀티인 기초제품보다는 번거롭더라도 각각의 기초제품을 하나씩 하나씩 발라주는 것이 의미가 있겠지요?

스킨-로션-에센스-영양크림-자외선 차단제도 바르고 메이크업 베이스도 바르고 파운데이션도 바르고 루스 파우더도 바르고... 철저한 보호막을 친 상태이어야 황사의 잔여물이 모공속에 침투하지 못하고 피부의 보호막 역할을 하는 화장품에 불쌍히 매달려 있겠지요?

이것은 저만의 '황사 클렌징' 비법입니다.

아무리 황사가 작다고 하지만 저의 외모 중에서 유일한 장점인 피부에 혹시라도 스크래치가 생길까 두려워 샤워기를 이용하여 먼저 얼굴에 분사하여 화장한 얼굴에 매달려 있는 황사들을 제거합니다. 그런 후, 폼클렌징을 이용하여 두 번 정도해서 씻겨냅니다. 부연 설명으로 폼클렌징의 계면활성제로 인해 피부의 각질층이 약해진 상태이므로 세안 뒤에 항상 기초 제품과 함께 영양크림을 바르는 것이 중요합니다.

Question 4.

>>>제목_ **도대체 순서가 어떻게 되는지..**

화장품 회사마다 순서가 왜 이렇게 다른지...
스킨-에센스-로션-아이크림-영양크림의 순서가 있는가 하면 스킨-로션-에센스-영양크림-아이크림의 순서가 있던데 왜 이렇게 다른 건가요?
화장품성분이 회사마다 다르기 때문인가요? 그냥 제가 효과를 최대한으로 보고 싶은 제품부터 먼저 사용하면 안 되나요? 순서를 제대로 알려주세요. 그리고 사람들이 말하기를 피부의 노폐물을 닦아내기 위해서는 스킨을 화장솜에 묻혀 사용해야한다고하며 또한 어떤 사람들은 스킨은 수분을 주는 역할을 하니 손바닥에 그냥 사용해도 된다고 합니다. 누구의 말이 진실인가요?

Answer 4.

_꼭 알아야할 기초 제품 상식

고객님께서 궁금해하시는 스킨 즉, 토너라고 표현하는데 우리가 스킨을 사용하는 이유는 딱 한가지입니다.

세안 후, 우리의 피부는 알카리로 변합니다. 왜? 폼 클렌징이나 비누 성분이 알카리이어야만 피부의 때나 먼지 등을 쉽게 분해하고 제거해주기 때문입니다.

세안 후, 일시적으로 약알카리성으로 변한 피부는 원래의 약산성 피부로 돌아오려면 피지가 분비되고 땀과 합쳐지는 시간인 3~4시간을 기다려야 합니다. 그러나 건성 피부인 사람들은 피부가 당기며 편하지가 않으므로 3~4시간을 기다리기가 힘듭니다. 그리고 피부가 알카리성일 경우는 쉽게 세균에 감염되어 염증이 생기기

쉽고 온갖 세균들이 침투하기 쉬우므로 스킨을 이용하여 원래 피부인 약산성 pH4.5~6.5로 만들어 주는 것입니다. 다시 말하자면, 스킨을 솜에 묻혀 얼굴에 남아있는 비누나 폼클렌징의 알카리 성분의 잔여물을 닦아주는 개념입니다. 이제 이해하셨겠지요?

지금 우리가 알고 있는 최고의 화장품 제품들도 피부의 진피층까지 흡수하지 못합니다. 왜? 피부의 표피층에는 「레인 방어막」이 있기에 수분이나 이물질등이 쉽게 들어오지 못하도록 방어해주는 보호막이 있기 때문입니다. 단지 우리는, 피부의 표피층에만 수분을 주고 유분을 주며 장식해주는 것입니다. 단 , 「리포좀화 된 화장품」이나 「나노 기술로 된 화장품」은 진피층까지 흡수 할 수 있습니다.

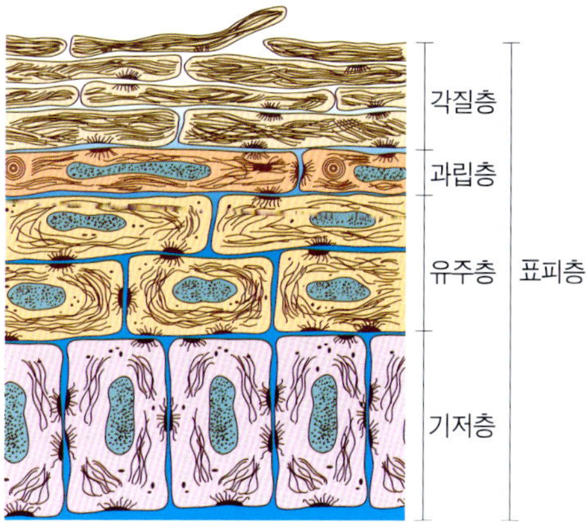

화장품은 물과 기름을 섞어서 만든 것으로 물과 기름을 섞기 위해서는 계면 활성제인 유화제를 중간에 넣어주어야만 합니다. 여기서 화장품을 크게 W/O형과 O/W형으로 나눕니다.

W/O형이란 오일안에 물이 포함된 것으로 상당히 오일성분이 강하여 피부에 흡수되기 쉬우므로 영양크림이나 고가의 크림에 응용되는 것이고 O/W형은 물 안에 오일 성분이 미세하게 포함된 것으로 로션이나 밀크 로션 등으로 응용되는 것입니다.

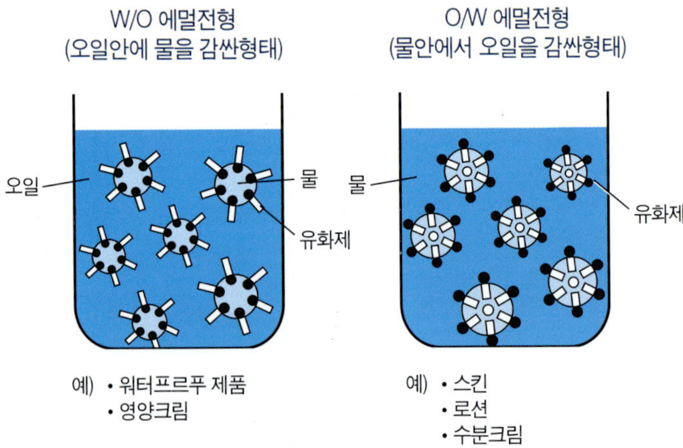

제 생각으로는 스킨을 이용하여 토너를 하신 후 로션단계는 생략해도 된다고 생각합니다. 왜? 로션은 O/W형으로 수분으로 거의 이루어져 있기에 표피층까지 흡수가 안 되고 곧 바로 증발하기 때문입니다.

에센스(세럼)는 고농축의 제품이지만 시간이 지나면 수분 또한 쉽게 날아가므로 증발되지 못하도록 오일성분이 많은 영양크림으로 유분막을 형성해주어야 합니다.

아이크림일 경우 그 위에 '영양크림'을 바르지 않아도 됩니다. 그러나 '아이젤'일 경우는 수분 함량이 많으므로 시간이 지나면 쉽게 날아가므로 보호막을 만들어 눈가의 촉촉함이 유지되도록 그 위에 영양크림을 바르셔야 합니다.

Question 5.

>>>제목_ 궁금증이 너무 많아요.

1. 요즘은 BB크림을 이용한 쌩얼 메이크업이 유행입니다. 그래서 저도 하나를 구입했는데 사용이 간편하기는 하지만 쌩얼 효과의 메이크업처럼 얇고 자연스럽게 표현이 되지 않습니다. 저의 화장법이 잘못된 것인가요? BB크림을 이용한 쌩얼 메이크업 노하우를 알려주세요!
2. 한 가지 색조제품으로 하는 멀티 메이크업을 잡지에서 얼핏 보았습니다. 급할 때 립스틱이나 아이펜슬로 색조화장을 전부 다 하더군요! 립스틱을 눈과 볼 그리고 입술에도 바르면서 다용도로 사용하는데 립스틱을 입술 외에 다른 부분에 사용해도 괜찮은가요? 피부에는 괜찮다면 어떻게 사용해야하는지 알려주세요! 저도 한번 시도해 보고 싶습니다.

Answer 5.

_멀티 제품 과연 좋은가?

1. 고객님께서 궁금해 하시는 쌩얼 메이크업은 기초 제품 등은 꼼꼼히 바르신 후, 나머지 메이크업 베이스와 파운데이션 그리고 파우더 단계를 최소한의 양으로 바르셔야 합니다(손과 스폰지보다는 '붓'을 사용하면 최소한의 양으로 더 자연스럽게 연출할 수 가 있습니다).

   고객님이 원하시는 비비크림을 이용한 '쌩얼메이크업'은 먼저, 기초 제품을 꼼꼼히 바른 후에 스폰지나 붓을 사용하여 비비크림을 바른다. → 루스 파우더(페이스 붓을 이용하여 대충 바른다) → 아이 섀도우는 내츄럴색 → 눈썹 또한 자연스럽게 표현 → 입술은 살구색이나 연한 핑크 글로스로 마무리하시면 됩니다.

원조인 비비크림은 피부과에서 박피를 한 후에 각질층의 재생을 위하여 사용하는 재생 크림입니다. 그러나 요즘에 들어서 홍보 전략으로 멀티 기능까지 첨가하여 선전되고 있는 것입니다. 건강한 피부의 소유자가 피부 재생을 위해서 비비크림을 사용한다면 재생효과는 전혀 없습니다.

2. 현대는 고속화의 시대이고 바쁜 직장 여성들을 타겟으로 간편하며 다기능을 포함한 수 많은 제품들을 내놓습니다. 제품을 출시하기 전에 가장 중요한 것이 고객의 안전성이겠지요?

멀티 기능을 한다는 화장품은 사용하기에는 편하지만 우리가 사용하는 오리지날 메이크업 제품 자체가 가지는 고유의 특성에 비하면 지속력과 기능은 떨어진다고 생각합니다. 가령, 자외선 차단제가 포함된 파운데이션은 피부에 한번 도포하는 것으로 끝납니다. 그러나 자외선 차단제를 바르고 파운데이션을 바른다면 이미 피부에 보호막이 하나 더 추가된 것입니다.

또 하나, 입술은 피지 분비가 거의 없기에 건조하고 갈라지기가 쉽습니다. 입술에는 유분을 주는 재료들로 립스틱을 만드는데, 이렇게 만들어진 립스틱이 아이 샤도우 기능까지 한다고 한다면 오래 지속되지 못하고 쉽게 뭉쳐지거나 분해될 것입니다.

Question 6.

〉〉〉제목_ 메이크업베이스와 파운데이션

최근에 잡지책에서 보니 "메이크업베이스는 피부에 별로 안 좋으며 피부에 트러블을 일으킬 수 있다. 그래서 파운데이션만 사용해도 문제없다"고 하는 기사가 있었습니다.

저는 지성 피부입니다. 지금까지 계속 메이크업베이스만 사용하고 파운데이션은 생략하면서 메이크업을 했습니다. 잡지책의 내용이 사실이라면 이제부터는 메이크업 베이스는 생략하고 파운데이션으로 바꿀까합니다. 괜찮을까요?

Answer 6.

_모든 기사가 진실만은 아니다.

고객님께서 읽으셨다고 하는 최근 잡지의 내용

"메이크업베이스는 피부에 별로 안 좋으며 피부에 트러블이 생길 수 있다. 그래서 파운데이션만 써도 문제없다."

제가 묻고 싶은 것은 그 글을 쓴 작가나 기자가 과연, 메이크업 제품에 대해 충분한 전문지식을 가지고 공부를 하면서 썼는지 아니면 자신의 생각만을 마치, 진리인 것처럼 서술했는지 잘 모르겠습니다.

예를 들어 지성피부가 사용해야 할 기초 제품을 민감성 피부의 사람이 사용한다면 자극을 일으킬 수 있습니다. 왜? 화장품의 성분 자체가 다르기 때문입니다. 가령, 지성 피부 타입은 과잉으로 분비되는 피지를 청결하게 해주고 조절해야 하기 때문에 소독제나 살균제 성분인 티트리(TEA TREE), 페퍼민트(PEPPEPPEMINT), 레몬(LEMON) 등의 성분을 사용하고 또한, 피지 조절제인 파촐리(PATCHOULI), 사이프러스(CYPRESS) 등을 사용하여 피지를 흡수하도록 하고 모공수축을 돕는 레몬그라스(LEMONGLASS) 등을 사용합니다.

반대로, 건성 피부 타입의 제품은 부족한 피지를 보충해주기 위해서 밀배아 오일, 아몬드 오일, 아보카도 오일, 라놀린 등의 성분을 사용합니다. 그런데 이러한 건성피부를 위한 제품을 가뜩이나 유분이 많아 고생하는 지성 피부의 사람들이 사용한다면 피부트러블이 발생하겠지요? 얼굴 폭발합니다!

• 지성피부 - 소독제, 살균제

티트리

페퍼민트

레몬

- 피지조절제

파촐리

사이프러스

- 모공수축

시더우스
(살균,수렴효과)

레몬그라스

Question 7.

〉〉〉제목_ 아이크림에 대하여

아이크림을 꼭 발라야 하나요? 귀찮은데 꼭 발라야 한다면 안면에 도포하도록 하겠습니다.

Answer 7.

_아이크림! 너를 가까이하마!

결론부터 말씀드린다면 "아이크림"은 눈가의 피지를 보충해주는 대용물로써 꼭 바르십시요. 왜? 우리 인간의 얼굴인 피부의 두께는 1~1.5mm입니다. 그중에서 제일 얇다고하는 눈가의 피부 두께는 0.05mm에 불과하며 피시 분비가 거의 없습니다. 또한 광선에 노출되어 있고 외부의 자극인 온풍기, 냉풍기 등으로 인한 수분증발로 쉽게 건조해져 깊은 주름과 잔주름이 쉽게 발생하기 때문입니다.

예방책은 없는가? 눈가의 피지대용물인 "아이크림"을 사용하여 영양을 주고 눈가의 「유분막」을 만들어 주어 수분 손실의 증발을 막아주는 것입니다.

귀찮으시겠지만 실험정신을 발휘하여 과일인 '사과'를 가지고 실험해 보십시요. 예를 들자면, 사과의 껍질은 피부에 해당하는 얇은 막으로 피부를 보호해주고 있습니다. 그러나 외부나 냉장실에 며칠간 그냥 놓아두면 쭈글쭈글해집니다. 한마디로 사과의 수분이 증발했다는 말입니다. 그러나 사과를 비닐랩으로 감싸준다면 사과 자체의 수분 손실이 덜 합니다. 당연히 사과의 쭈글거림인 노화는 지연되겠지요? 즉, "아이크림" 이나 "영양크림" 의 「유분막」은 사과의 수분 손실을 막는 「비닐랩」에 해당하는 것입니다.

고객님이 하신 말씀처럼 귀찮겠지만 "아이크림" 을 눈가에 도포하십시요.

참고로 색조화장을 할 때는 아이홀 부분에 "아이크림" 을 생략하시거나 심리적으로 불안하다면 살짝만 바르십시오. 왜? 시간이 지나면 화장품 성분이 천연오일의 피지로 인해 쉽게 분해되므로 번지거나 뭉쳐지기 때문입니다.

Question 8.

〉〉〉제목_ 마스카라 클렌징방법

저는 메이크업을 진하게 하지는 않습니다. 그러나 마스카라는 꼭 합니다.
포인트 메이크업의 클렌징은 리무버를 사용하는데도 마스카라가 잘 지워지지가 않아서 클렌징폼으로 세수를 다시 합니다. 그런데도 깔끔하게 지워지지가 않으므로 세안을 다 한 후에 다시 클렌징크림을 사용하여 눈 부분의 마스카라 잔여물을 살살 문지르고 지워도 여전히 눈두덩이에 검게 남아있습니다.
클랜징 티슈를 써봐도 그다지 효과가 별로 없습니다. 마스카라 효과적인 클렌징방법 좀 일러주세요. 욕심이라면, 시간이 많이 안드는 방법으로...

Answer 8.

_'동종요법'을 적용하자!

고객님께서 만약, 「워터프루프 마스카라」를 사용하시고 계신다면 일반적인 마스카라 보다는 잘 지워지지 않습니다. 왜? 워터프루프 제품은 땀이나 물에 지워지지 않도록 W/O형 즉, 오일이 수분을 감싸는 형태로 만들었기 때문입니다. 그래서 항상, 「워터프루프 제품」을 사용하신 후에는 클렌징에 각별히 신경쓰셔야 하는 것입니다.

잠깐!!!
여기서 우리는 "동종요법"의 원리를 이용하여 「기름은 기름으로 지운다」를 적용하자면 고객님께서 질문하신 마스카라를 잘 지워지게 하기 위해서는 우선,

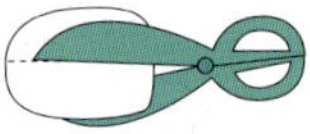

1. 화장솜을 가위로 반으로 자른다.

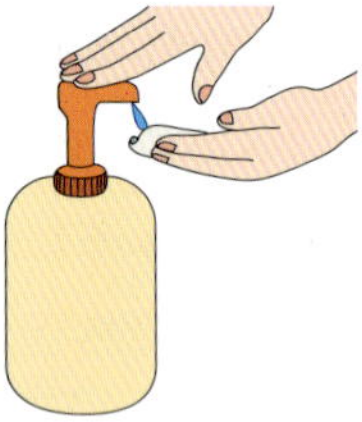

2. 반으로 자른 화장솜에 클렌징 오일을 충분히 묻힌다.

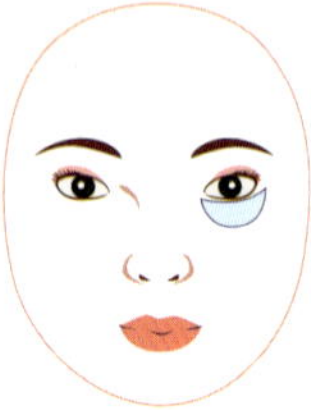

3. 오른쪽 눈아래 즉, 우리가 쉽게 알고 있는 다크써클 부위에 2번의 솜을 오려놓는다.

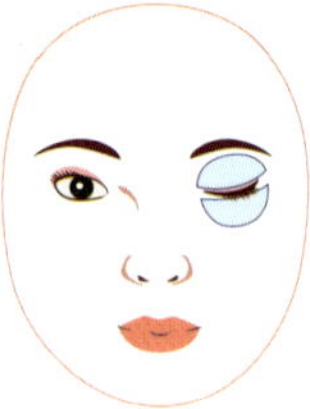

4. 새로운 화장솜에도 클렌징 오일을 충분히 묻힌 후, 마스카라를 지우려는 눈두덩이에 잠시 올려둔다(왜? 마스카라의 오일 성분이 클렌징 오일에 분해되는 시간이 필요하기 때문).

5. 오른쪽 다크써클 부위에 붙힌 화장솜의 양끝을 왼손가락으로 고정하고 오른손 손가락으로 오른쪽 눈두덩이에 붙힌 클렌징 오일을 묻힌 화장솜을 속눈썹 위에서 아래 방향으로 닦아준다. 그리고 닦아준 화장솜이 시컴해지면 반으로 접어서 다시 한번 닦아준다(다크써클에 붙힌 화장솜에도 마스카라의 흔적이 잔뜩 묻겠지요?).

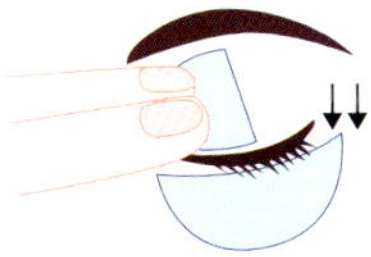

6. 눈두덩이에 붙이고 닦아준 화장솜을 이용했으면 버리고 면봉을 준비한다.

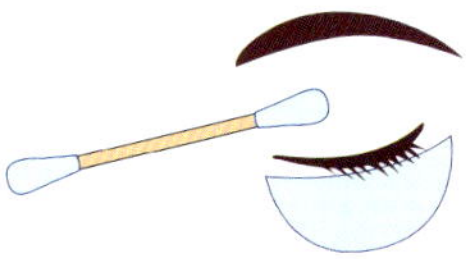

7. 면봉에도 클렌징 오일을 도포한 뒤에 마무리로 속눈썹 위, 아래, 좌, 우로 돌돌 말면서 닦아준다.

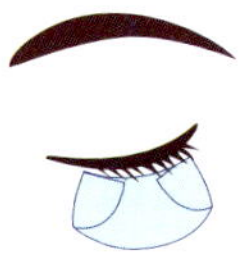

8. 다크써클레 붙힌 솜도 띄어내고 버린다.
9. 반대쪽 눈의 마스카라 지우는 법도 동일합니다.

피부 관리실에서도 마스카라를 정성껏 지워주는데 3~5분의 시간이 필요합니다. 시간을 투자한 만큼 원하시는 결과물을 얻을 수 있습니다.

Question 9.

>>>제목_ **아이라이너**

저는 눈의 구조상 아이라이너를 한 후에 시간이 지날수록 팬더처럼 보이면서 눈가에 번집니다. 번지지 않게 유지하는 방법이 있다면 알고 싶습니다.

Answer 9.

_눈가의 번짐이여 이젠 안녕~

화장을 예쁘게 하였더라도 시간이 지나면 피지(유분)가 생성되므로 처음과 같은 화장을 유지하기 위해서는 종종 수정(기름종이로 닦고 다시 한 번 여분의 분으로 눌러 준다던지, 아이 메이크업을 다시 손질한다던지...)해 주어야 합니다.

눈의 아이라이너가 번져서 팬더처럼 된다고 하셨는데, 한국 사람들의 대부분은 속눈썹이 직모입니다. 그러므로 아이라이너를 하고 마스카라를 하시기 전에 '뷰러'를 이용하여 속눈썹의 컬을 여러 차례 주신 후에 마스카라를 사용하십시요(참고 : 사람의 눈꺼풀은 1분에 20번씩 깜빡입니다. 눈을 깜빡이므로써 눈을 건조하지 않도록 보호하기 위한 것). 마스카라를 점막 쪽 뿌리 가까이에서부터 칠했다면 마무리 아이 메이크업 단계에서 면봉을 이용하여 점막 부위의 마스카라를 닦아 내십시요. 아무래도 눈가의 번짐은 덜 할 것입니다. 그래도 별 효과가 없다면 '워터프루프' 제품의 마스카라를 이용하시면 됩니다.

도움말 : 출근하기 전에 화장을 하고 퇴근 후 까지 총 10~12시간 정도의 화장을 유지 하기 위해서는 피지의 분비(살아있다는 증거)

로 중간중간 2~3차례 정도 수정을 해주어야 합니다. 결코 고객님의 눈의 구조 때문이 아닙니다.

Question 10.

〉〉〉제목_ 까만콩 빼는법

저는 콧등에 블랙헤드가 있습니다. 그래서 시중에서 5백원에 판매하는 1회용 코팩을 사용해봤는데 별로 큰 효과가 없었습니다. 좋은 방법 없을까요?

Answer 10.

_이젠, 문제없다! 블랙헤드여!

우리의 신체는, 살아 숨을 쉬고 있다는 증거의 하나로 피지가 계속 분비되면서 모공에 쌓이는 것이며 산소와 접할수록 눈에 띄는 블랙헤드로 되는 것입니다. 저의 개인적인 생각은 1회용 코팩은 짧은 시간 안에 쉽게 블랙헤드를 제거하는 장점이 있겠지만 억지로 각질을 벗겨내는 것은 피부에 자극이나 스트레스를 줄 수도 있습니다.

우리는 종종 목욕탕에 갑니다. 목욕을 하고 난 후의 피부는 유난히 촉촉하고 얼굴이 뽀송뽀송합니다. 그리고 그날은 블랙헤드는 찾아 볼 수가 없습니다. 그것은 목욕탕의 열과 스팀 등으로 피지를 녹이고 노폐물을 배출하게 도와주기 때문입니다.

블랙헤드를 억지로 짜내는 것은 피부에 자극을 줄 수도 있으니 열이나 스팀을 이용하여 자연스럽게 피지가 녹아서 빠지도록 해야 합니다. 그런 후에 열린 모공을 수축시켜주는 쿨링을 반드시 해주어야 합니다.

저는 항상 고마쥬(얼굴 스크럽이나 부분 스크럽)와 크림팩을 강조합니다. 그것은 모공속을 깨끗이 청소해주기 때문입니다. 블랙헤드가 자주 생겨서 고민이라면 일주일에 두 번 정도 블랙헤드 부위에 스크럽을 해주고 모공속의 피지를 흡수해내는 해초팩 또는 머드팩을 하십시오. 만약 민감성 피부라면 얼굴 전체에 하지 마시고 부분적으로 콧등에만 해주십시오.

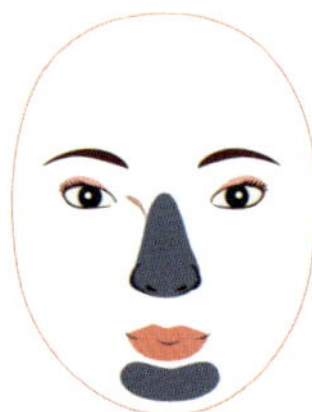

머드팩

Question 11.

〉〉〉제목_ 얼굴이 항상 건조해요.

저는 항상 피부가 건조해서 사시사철 얼굴이 부서집니다.
현재 한달에 1~2번 스크럽 제품으로 각질제거를 하고 있고, 매일 영양크림과 수분크림을 함께 바르는데도 개선되지 않습니다. 전문가님의 교양있는 답변 부탁드립니다.

Answer 11.

_건성피부관리와 메이크업

지금부터 과학적이고 교양 있는 답변을 드리겠습니다. 부족한 피지 분비의 보충을 위해 우리는 피시의 대용물인 영양크림을 사용하는 것입니다. 그러나 화장품은 만병통치의 개념이 아닙니다.

화장품에 전적으로 의존하기 보다는 일상생활에서의

1. 스트레스를 받지 않기.
2. 숙면을 취하기.
3. 적당한 휴식을 취하기.
4. 균형 있는 음식의 섭취.
5. 수분 많은 과일을 섭취하는 것이 건강한 피부를 유지하는데 도움이 됩니다.

건성 피부는 특히, 수분 보충을 위해서 항상 물을 많이 마셔 주어야 합니다. 물을 많이 마시면 혈액 순환과 신체 대사에 도움을 주어 모세혈관을 통해 고른 영양들이 빨리 피부로 전달되기 때문입니다.

우리가 바르는 수분 크림은 피부에 수분을 공급한다고 알고 있지만 사실 수분 크림의 수분이 표피층에 전달되는 시간까지 기다리자면, 이미 공중으로 다 증발됩니다. 그러므로 수분 크림을 바른 뒤에는 수분 크림에 포함된 수분들이 날아가지 못하도록, 영양크림이나 크림 등으로 유분막을 쳐주어야 하는 것입니다.

얼굴 스크럽 후에는 물리적으로 벗겨낸 표피의 각질층을 항상 보충해주어야 합니다. 즉, 보습을 해주고 에센스도 바르고 영양크림도 바르십시오. 잦은 사우나나 찜질방등은 피부의 수분을 빼앗으므로 피부가 건조해지기 쉽습니다. 가능하면 한증막은 피하십시오.

Question 12.

>>>제목_ 면접할 때 화장은 어떻게 해야 하나요?

요즘 면접을 볼 일이 많습니다.
도대체 어떻게 준비하고 가야 할지 걱정입니다. 스커트 정장이 좋을지, 아니면 바지 정장이 좋을지... 메이크업은 화사하게 하는 게 좋을지, 아니면 브라운톤의 아나운서 화장이 좋을지...
처음엔 당연히 후자 쪽을 택했습니다. 너무 칙칙하고 어둡게 하면, 오히려 역효과가 날 것 같아서 걱정입니다. 도와 주세요.

Answer 12.

_면접 메이크업은 이렇게

고객님께서 원하시는 면접 메이크업에 대해 말씀드리자면 말 그대로 면접이기에 인위적인 느낌보다는 자연스런 화장을 해야 하는 것입니다.

화장은 예쁘게 보이려는 목적도 있겠지만 다른 한 가지는 상대방을 대하는 하나의 예의라 생각합니다.

면접도 다양하게 나뉘므로 분야에 따라 다릅니다. 일반적으로 사무직이라면 화려한 메이크업보다는 얼굴의 피부를 살려주며 자연스럽게 하는 것이 좋습니다. 가령, 아이 샤도우는 살구색이나 살색 계열(너무 어두운 브라운 계열은 피할 것!)로 하는 것이 좋으며 입술은 내츄럴 색을 사용하시는 것이 좋습니다.

헤어스타일은 긴 머리라면 깔끔히 이마와 귀가 보이도록 하나로 묶어 주십시요. 헤어스타일은 늘 단정하고 가지런한 모습을 보이시면 됩니다. 사무직이라면 의상은 남색 정장 차림의 바지나 스커트로 하십시요.

가장 중요한 것은 면접에서 고객님이 확신을 가지면서 꼭 해야겠다는 의지와 의사를 표현하십시요. 그것이 가장 중요합니다.

Question 13.

〉〉〉제목_ **아~눈눈눈...**

크림 아이샤도우를 구입했지만 한번 사용하고는 말았습니다. 크림이라서 양을 조절하지 못하겠고 바르면 눈이 한대 맞은 것처럼 눈두덩이 전체가 보라색으로 되어버리는 어떻게 사용해야 하나요?

Answer 13.

_나도 할 수 있다! 크림 샤도우~

크림 아이샤도우의 사용법은 손가락을 이용하는 것입니다.

붓보다는 손가락을 사용하면 체온으로 크림 샤도우를 녹여서 부드럽게 그라데이션의 효과를 낼 수 있습니다.

크림 섀도우 사용법

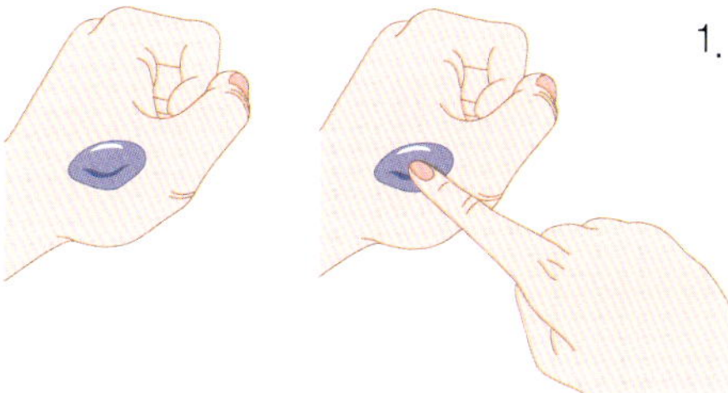

1. 사용할 만큼의 분량인 크림 섀도우를 왼쪽 손등에 넣습니다.

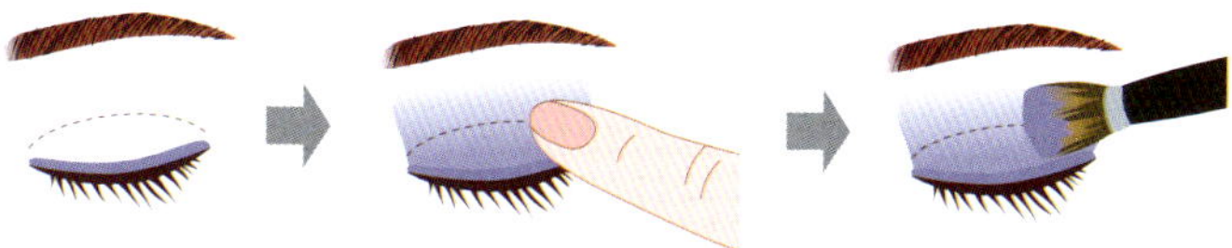

2. 오른 손가락에 크림 섀도우를 묻힌 뒤에 속눈썹 기까이에서 부터 칠한 뒤에, 크림 섀도우가 묻지 않은 또 다른 깨끗한 손으로 눈두덩이 위쪽을 향해 그라데이션 해줍니다.
3. 크림 섀도우는 눈가의 유분으로 인해 금새 뭉쳐지는 속성이 있으므로 크림 섀도우와 비슷한 계열의 고형 아이섀도우를 덧 칠해주어야 합니다(붓을 이용).

Question 14.

>>> 제목_ **주근깨 커버**

주근깨 어떻게 하면 감쪽같이 커버할 수 있습니까? 피부과에서 레이져 치료하는 것도 일시적이라는 말이 있습니다. 메이크업으로 커버할 때 파운데이션을 두껍게 칠하지 않는 다른 방법이 알고 싶습니다.

Answer 14.

_기미, 주근깨의 발생원인!

먼저, "주근깨"와 "기미"에 대해 말씀드리자면, 「국소성 과색소 침착증상」으로 멜라닌 색소가 부분적으로 뭉쳐 얼굴에 나타나는 현상이라 할 수 있습니다.

기미, 주근깨의 원인이 된다고 생각하는 멜라닌 색소!

우리의 피부는 자외선으로부터 피부를 보호하기 위해서 표피의 하단 부분인 기저층의 「멜라노사이트」에서 1년 365일 하루도 빠짐없이 멜라닌 색소를 만들어 표피 세포속으로 보냅니다. 바로 여기까지는 아무런 색이 없는 「무색 과립 멜라닌」입니다. 그러나 표피 세포 안에 갇혀 있는 「무색 과립 멜라닌」은 표피 세포가 피부의 위쪽으로 밀려나는 과정에서 자외선을 만나 색이 까맣게 변합니다. 각질층까지 밀려 올라오는 중에 심하게 뭉쳐진 놈은 주근깨가 되는 것이고 기저층에서부터 「무색 과립 멜라닌」을 가지고온 표피 세포는 시간이 지남에 따라서 '각질' 이나 '때' 로 떨어져 나가기도 하지만 지독하게 독한 놈은 피부에 남아 여성들의 속마음을 상하게 하는 "기미"가 되는 것입니다.

여기서 해결책은 없느냐? 멜라노사이트에서 만들어지는 멜라닌을 촉진시키는 「티로시나제」 효소를 억제 시키는 것입니다. 그래서 등장한 제품이 "화이트닝 제품" 입니다.

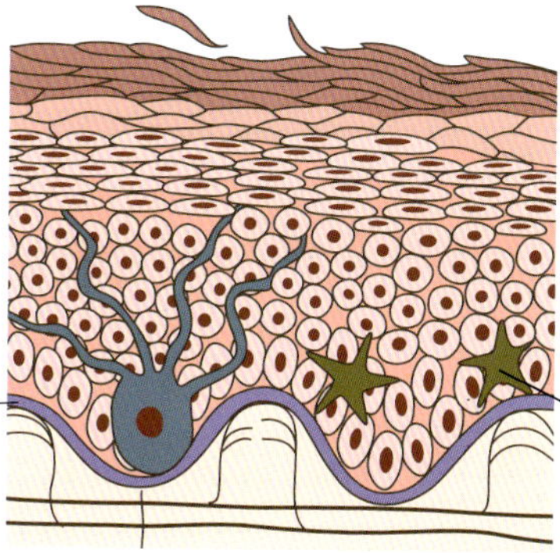

고객님께서도 말씀하셨지만 "레이져 치료"가 기미나 주근깨의 치료에 일시적 일 수 밖에 없는 이유는 단순히 각질층에 있는 눈에 보이는 기미와 주근깨를 제거하기 때문입니다. 완전히 제거하려면 기미와 주근깨의 뿌리인 기저층의 멜라노 사이트를 없애야 하는데 그것은 불가능하기 때문입니다.

메이크업적으로 "주근깨"를 커버하는 방법은 메이크업 베이스를 사용하셔야 합니다. 가벼운 색소 침착이나 주근깨는 메이크업 베이스로도 커버가 가능하며 파운데이션을 여러 차례 바를 필요가 없으므로 화장이 두껍게 되지 않습니다.

Question 15.

〉〉〉제목_ 들뜨기 쉬운 봄 메이크업

겨울동안 각질이 두터워져 있던 피부가 봄이 되면서 각질이 자주 일어나게 되는데 이때 메이크업이 잘 유지되기 위해서는 어떤 피부 관리와 손질이 필요한지 확실한 방법을 알고 싶습니다. 메이크업을 잘 하지만 봄에 하는 것이 저는 가장 힘듭니다.
피부 관리도 힘들고 그렇다고 피부샵에서 관리 받기에 여유 있는 건 아니라서 집에서 손쉽게 할 수 있는 피부 관리법과 메이크업으로도 잘 커버 할 수 있는 방법을 가르쳐 주십시오.

Answer 15.

_봄철피부관리

고객님께서 가장 궁금해 하는 얼굴 관리에 대해 말씀드리자면 먼저, '피부의 각질화 주기' 에 대해 말씀드리겠습니다.

피부의 세포는 기저층에서부터 표피까지 올라오는데 성인은 28일이라는 기간이 걸리며 피부의 세포가 표피층까지 거의 올라오면 핵이 없는 죽은 세포 즉, '각질' 로 변합니다. 그래서 피부 자체에서 하얗게 일어나며 저절로 떨어져 나가는 것입니다. 우리는 이것을 「각질의 주기화」로 부릅니다. 그리고 나이가 들수록 28일의 각질주기 35, 36, 37일...늦어지는 것입니다. 그러나, 어린 아이들의 피부는 뽀송뽀송합니다. 그것은 각질주기화가 성인의 28일 보다도 훨씬 짧기 때문입니다. 다시말하면 새로운 세포들이 계속해서 탄생하기 때문에 이미 생성되어있는 세포를 빨리 표피층으로 밀어주기 때문입니다. 이러한 원리를 응용하여 얼굴 고마쥬 즉, 스크럽을 해주어야 합니다.

일주일에 1~2번 정도! 물론, 고마쥬 후에는 항상 영양크림이나 앰플 등을 발라 물리적으로 떨어져 나가게 한 표피층에 영양과 보습 등을 주어 보충해주어야 피부에 탄력이 생기는 것입니다.

고마쥬는 저자극 화학 고마쥬와 손으로 밀어내는 클래식 고마쥬로 나눕니다. 민감성 피부는 저자극 화학 고마쥬 타입으로 얼굴에 2~3분 정도 놓아두고 가볍게 물로 씻어내는 고마쥬를 선택하시면 되고 그 외의 지성 피부나 보통 피부는 클래식 고마쥬 타입으로 얼굴에 얇게 도포한 후, 마를 때까지 5분 정도 기다린 후 건조해지면 손으로 밀어냅니다.

그리고 잊지 마십시요. 고마쥬 후에는 항상 얼굴에 충분한 수분크림과 영양크림을 바르셔야 한다는 것을!! 그리고 고마쥬 후에는 기초 제품이나 기능성 제품들의 피부 침투가 훨씬 쉬우며 피부톤이 한층 더 맑아집니다.

일반적으로 "봄보다 여름철의 자외선을 조심해야한다." 고 알고 있지만, 봄철 자외선에 특히 주의해야 합니다. 왜? 겨울 동안 움추렸던 피부의 모든 기관들이 갑작스런 봄볕의 등장에 적응을 하지 못 한 상태라서 자외선에 민감하게 반응 할 수도 있기 때문입니다. 그러므로 특히, 봄철에는 여름보다도 더 썬블록을 신경써서 열심히 바르셔야 합니다.

Question 16.

>>>제목_ 지성에 큰 모공이면 윤기나는 피부 화장은 NO?

저도 도자기 피부 또는 연예인 피부로 한 번 표현하고 싶습니다. 각 메이크업 브렌드마다 피부를 아름답게 표현해주는 다양한 제품들이 참 많이 있습니다. 저도 하나 구입하고 싶습니다. 하지만 저는 모공이 크면서 여드름 흔적의 흉터가 있고 지성 피부에 전형적인 동양인의 누런 피부입니다. 모든 피부의 단점은 다 가지고 있습니다. 저에게 그러한 제품들은 그림의 떡인가요? 차라리 안 하니만 못 하는 것인가요? 파운데이션과 섞어서 사용해도 안 될까요? 입자가 가장 작고 고운 것을 사용하면 안 될까요? 모공을 커버해준다는 브렌드의 화장품을 사용해봤더니 광고와는 다르게 볼의 모공을 두드러져 보이고 오히려 피부가 더 깔끔하지 않았습니다. 지성피부인 사람도 윤기나는 메이크업을 할 수 있는 방법 알려주십시요.

Answer 16.

_지성 피부의 고민자들은 이리로...

고객님의 사연을 듣고 나니 제가 가슴이 참...우선, 화장품은 여성의 심리를 아니, 여성들이 생각하는 약점 부분을 최대한의 장점으로 살린다며 홍보합니다. 그러나 화장품은 만병통치의 개념이 아닙니다. 타고난 피부의 질감이나 멜라닌의 양을 요술 방망이처럼 확 바꿀 수는 없습니다. 화장품은, 어느 정도까지는 결점을 커버해 줄 수는 있지만 이미, 피부과를 필요로 하는 피부에는 무리가 있습니다. 그래도, 고객님의 고민거리를 최대한 해결하기를 바라는 마음에서 하나씩 말씀드리겠습니다.

• 전형적인 동양인의 누런 피부
- 메이크업 베이스인 보라색으로 피부의 누런색을 중화시킵니다. 지금보다는 한층 더 생기 있어 보일 것입니다.

• 모공이 큰 피부
- 일반적으로 메이크업을 두껍게 하시는데 오히려 두꺼운 피부 메이크은 모공이나 주름이 더 부각되어 보입니다. 언제나 오픈하시는 기분으로 파운데이션과 루스 파우더를 가볍게 펴 바르십시요.

• 여드름 자국의 붉은 흉터의 피부
- 크림 컨실러를 얇게 펴 바르십시요. 심하지 않다면 가벼운 질감인 눈가를 밝게 하는 팁타입의 컨실서를 대신 사용해도 됩니다.

고객님과 같은 지성 피부는 '피지조절 크림' 이나 '피지조절 젤'을 사용한 후, 메이크업 베이스를 사용하고서 파운데이션을 바르십시오. 그리고 유분이 많이 분비되면 크리넥스를 사용하여 가볍게 눌러준 뒤에 루스 파우더나 팩트를 해주십시요.

심한 지성 피부라면 기초 제품은 최소한으로 사용하십시요. 그리고 지성 피부를 위한 파운데이션인 마트한 리퀴드가 있습니다. 이 제품은 파운데이션 안에 '탈크' 라는 가루가 포함되어 있기에 피지를 잡아주고 흡수해줍니다.

Question 17.

>>>제목_ 입체감 있는 화장법.

얼굴이 동그란 편인데, 메이크업을 하면 얼굴이 늘 커 보입니다.
메이크업이 뜨지는 않는데, 일본의 '가부끼 메이크업' 처럼 하얗게 보입니다.
입체감 있는 메이크업을 하면 괜찮을 까요? 또한 입체감 있게 표현하려면 어떻게 해야 합니까? 알려주시면 감사하겠습니다.

Answer 17.

_내피부에 맞는 파운데이션 선택법

메이크업을 한 뒤에 얼굴이 크고 가부끼처럼 보이는 것은 고객님께서 파운데이션의 선택을 본래의 피부보다 밝은 것으로 선택했기 때문입니다.

흔히 파운데이션 색상을 선택할 때 손등에 칠한 뒤에 손등과의 색을 맞추어서 구매합니다. 그러나 손등의 색은 얼굴의 색상과 비교한다면 매우 밝고 하얗습니다. 손등에 맞추어 파운데이션을 고른다면 자연적으로 밝은 색상을 선택하겠지요?

얼굴색에 맞는 파운데이션 색상을 고르기 위해서는 얼굴 옆면의 턱 부분에 파운데이션을 소량으로 바른 뒤, 손으로 펴 바른 후에 얼굴 피부에 가장 가까운 색상을 고르면 됩니다(참고 - 파운데이션을 구입하러 갈 때는 자외선 차단제를 바르시고 노메이크업으로 가십시오. 만약, 남들의 시선이 부끄럽다면 썬글라스와 모자를 착용하시고 가면 됩니다).

그리고 얼굴 수정을 위해서는 고객님이 선택한 파운데이션보다

한 단계 밝은 것을 또 하나 구입하여 고객님의 얼굴형에 따라서 T(이마, 코) 존과 S(볼) 존 그리고 Y(눈 아래의 다크서클) 존을 '가로 또는 세로 방향' 으로 선택하여 가볍게 칠한 뒤, 잘 펴 바르면 됩니다(시중에 듀오 제품 즉, 두 가지 색상을 함께 판매합니다). 그리고 목과의 색상차이가 심하면 안 되므로 여분의 양으로 자연스럽게 목까지 잘 펴 바르십시요. 큰 흐름의 수정을 했다면 블러셔 단계에서 볼의 움푹패인 곳은 밝은 갈색으로 해주신 뒤에 광대뼈 윗부분에 밝은 베이지색 또는 아이보리색으로 환하게 칠해줍니다. 그리고 혈색을 고려하여 피치나 로즈색을 이용하여 얼굴형에 따라서 긴 편이면 코끝을 향하게, 반대로 짧은 편이면 입술 쪽을 향하여 살짝 볼터치를 해주시면 됩니다.

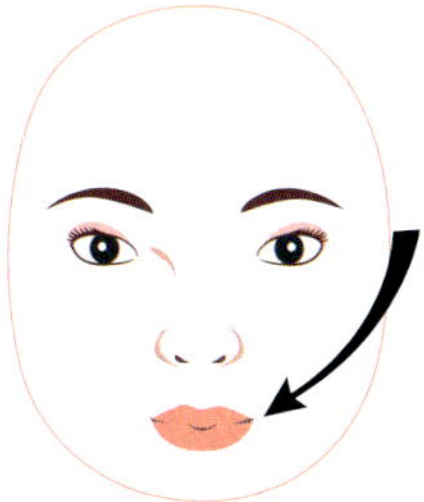

도움말

• 짧은형 : 관자놀이에서부터 입술 쪽으로 향하는 볼터치

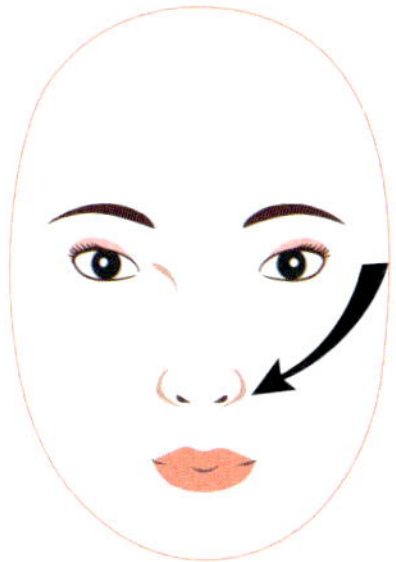

도움말

• 긴형 : 눈꼬리의 헤어라인에서부터 콧망울로 향하는 볼터치

Question 18.

>>>제목_ **스모키 메이크업.**

작년부터인가요? 스모키 메이크업이 한참 유행할 때 정말 한번 해보고 싶었지만 방법도 잘 모르고 엄두가 안나 시도도 못 해봤습니다.
스모키 메이크업을 예쁘게 한 여자를 보면 같은 여자임에도 불구하고 끌리는 묘한 매력이 있습니다. 저도 꼭 한번쯤 스모키 메이크업을 해보고 싶습니다.
메이크업을 잘못 하면 너무 진해보이면서 무서운 인상을 주잖아요. 계절도 계절인 만큼 좀 산뜻하고 깨끗해 보이는 스모키 메이크업 방법에 대해 말씀해주세요.
스모키 메이크업에 필요한 메이크업제품도 소개해 주시면 감사하겠습니다.

Answer 18.

_민간인에 맞는 스모키메이크업

고객님께서 알고 계신 "엄두가 안나 시도도 못 해봤습니다" 라는 오리지날 「스모키 메이크업」은 민간인인 우리가 다가가기에는 과감한 희생정신이 수반되어야만 합니다.

"백제의 문화" 가 일본에 전파된 후, 일본인들은 그들의 정신과 환경에 맞게 리폼하여 그들의 문화로 만든 것처럼 우리, 민간인도 '오리지날 스모키 메이크업' 을 우리식에 맞게 굴절시켜 표현 할 수 있습니다.

'스모키' 라는 말 "안개처럼 뿌옇다" 라는 뜻이 내포되어 있습니다. 이 말을 분석하자면 또렷하고 선명한 샤도우 메이크업이 아닌 「어리버리하고 흐지부지함」을 나타냅니다. 즉, 샤도우 '메인색감'

단계를 안개와 같은 효과인 그라데이션을 잘 표현해주어야 합니다.

고객님께서 주문하신 "계절이 계절인 만큼", '봄' 을 상징하는 따뜻한 색, 발랄한 색, 화려한 색 등을 나타내는 색상을 선택 할 수 있습니다.

- 봄 퍼플 핑크 녹색
- 가을 브라운 카키

고객님께서 선택한 색상을 눈두덩이에 잘 펴바른 후, '스모키 메이크업' 의 핵심인 '펜슬 라이너' 를 얇게 그려주고 깨끗한 붓을 이용하여 잘 펴 발라 그라데이션을 해줍니다. 그리고 언더라인에도 샤도우를 하고 라인을 그려주어야만 어디 가서든 '스모키 메이크업' 이라는 명함을 내 밀수 있습니다(아이 메이크업 단계 마무리에서 하이라이트를 반드시 한 번 더, 표현해주고 펜슬을 사용하여 그린 아이라이너 위에 같은 색의 샤도우를 이용하여 살짝 칠해주어야 펜슬의 번짐을 쉽게 막을 수 있습니다. 그런 후, 마스카라를 위, 아래 속눈썹에 발라주어야 함).

아이 메이크업이 강한 만큼 립 메이크업은 자연스럽게 글로시하게 표현하면 됩니다.

Question 19.

›››제목_ 내게 맞는 메이크업 리무버

메이크업은 하는 것보다도 클렌징이 더 중요하다고 합니다. 요즈음은 메이크업 리무버 종류도 다양하고, 기능도 각기 장단점이 있잖아요. 나에게 맞는 메이크업 리무버 방법이 궁금합니다.

저의 피부는 건성이면서 약간 민감합니다.

어떤 것이 저의 피부에 자극이 덜하고 좋을까요(아예 자극이 없는 것을 바라지만 욕심이겠지요)? 저의 메이크업 리무버 방법은 일단 '클린징 오일' 로 포인트칼라(아이쉐도우/마스카라/립)를 지우고(선생님께서 쓰신 게시판 "마스카라 지우는 방법" 참조하고 있답니다) 그 다음에는 '클린징 크림' 을 사용하여 전체적으로 다시 한 번 닦아냅니다. '클린징 크림' 은 시간에 쫓겨서 하는 편입니다. 그런 후, 얼굴에 필요이상으로 크림이 앉아있지 않도록 '클린징 티슈' 를 사용하여 또 한 번 살짝 닦아냅니다(이것은 가끔 생략할 때도 있습니다). 마무리 단계에서 '클린징 폼' 으로 세수를 합니다(얼굴에 직접 묻히지 않고 먼저, 손에서 거품 낸 후에 조심히 세안을 합니다). 비누는 쓰지 않습니다.

제가 올바른 방법으로 '클렌징' 을 하고 있는지 알고 싶습니다. 피부별로 올바른 메이크업 리무버 방법도 알려주십시오. 주변에 저와 다른 피부타입의 사람들에게도 알려주고 싶습니다.

Answer 19.

_이중삼중 클렌징은 피부를 망친다.

고객님의 피부는 너무 호강을 하고 있습니다. 그러나 이중 삼중의 지나친 '클렌징' 은 피부를 자극하여 민감성 피부 즉, 염증성 피부로 만들기도 합니다.

'클렌징 오일' 로 눈, 입술 등의 포인트 클렌징을 했다면 곧바로 '클렌징 폼' 을 하여 세안을 하셔도 됩니다.

화장품에서 「유화제」가 기름때를 제거하는 용도로 사용될 경우는 다른 말로 표현하면 「세정제」라고 합니다. 당연히 '클렌징 폼' 은 '클렌징 크림' 보다 세정력이 강력하기 때문에 피부의 먼지나 불순물을 완전히 제거합니다. 그러므로 이중 삼중의 여러 단계의 클렌징 과정을 거칠 필요가 없습니다. 오히려 이러한 여러 단계의 클렌징 과정이 피부에 지나친 자극을 주고 손상시키는 것입니다.

'비누' 든 '클렌징 폼' 이든, 제품이 「알카리성분」이어야만 불순물을 쉽게 제거하기 때문에 사용해주는 것입니다("산성제품" 은 피부에는 도움이 되나 불순물을 쉽게 제거하지 못하는 단점이 있음). 그러나 피부에 사용하는 알카리성의 단점은 피지막을 쉽게 벗기고 각질층이 연하게 하여 세균에 감염되기 쉬운 피부 형태로 만듭니나.

해결책은 없는가? 그래서 세안 후에는 반드시 피부를 산성화시키는 토너 즉, 솜에 스킨을 묻혀 얼굴에 남아있는 알카리 성분을 닦아내주는 것입니다. 물론, 3~4시간이 지나면 신체의 항상성으로 인해 피지가 분비되어 세균으로부터 피부를 보호해주는 "산성막"을 만들어주지만 건성피부의 사람들은 세안후 벗겨져나간 피부보호막인 피지막이 없어졌기에 피부가 당김으로 3~4시간을 기다리는 것이 힘듭니다.

여담으로 우리가 알고 있는 「때비누」는 '강력한 알카리성 비누' 로 만들기 때문에 일반 비누를 사용했을 때 보다 단 시간에 피부의 각질층을 연하게 해주는 것입니다. 그래서 「때」가 쉽게 잘 밀리는 것입니다.

Question 20.

>>>제목_ **자외선 차단제에 대해**

아침에 화장을 할때 스킨, 로션 바르고 수분 영양크림 바르고 그다음에 자외선 차단제 바르고 마지막에 메이크업 베이스를 합니다. 그런데 제가 알기로는 자외선 차단제는 2~3시간에 한 번씩 발라줘야 효과가 있다고 들었습니다.
그런데 이미 메이크업을 다 한 상태에서 자외서 차단제를 덧발라주면 피부화장이 지워지거나 뭉칠까봐 못 바르겠습니다. 그럴 때는 어떻게 해야 합니까?

Answer 20.

_동병상련의 고민

저도 불과 몇 달 전까지만 해도 고객님과 똑같은 의문점으로 고민을 많이 했습니다.

일맥상통했던 나의 고민 "썬블록을 바르고서 메이크업을 했다면, 일반적으로 알고 있기는 자외선 차단제는 2~3 시간 후면 다시 발라주어야 한다는데, 그럼 난 뭔가?

메이크업 한 상태에서 2~3 시간 지나면 그 위에 다시 자외선 차단제를 덧바를 수없는 것이고 며느리도 모르고 과연 누구에게 물어봐야 할까?"

정말로 고민 많이 했습니다. 먼저 차근차근 풀어보자면,

자외선 제품에서 우리가 흔히 볼 수있는 SPF는 Sun Protection Factor, '자외선 차단지수' 를 말하는 것입니다. 즉, 자외선 차단제품을 직접 바르고서 태양으로부터의 몇 시간 동안 "구워짐을 버티느냐" 다시 말하면, 전문적인 용어로는 '썬번' 을 방어할 수 있나

측정 기준을 말합니다.

여기서 "측정 기준"이라는 것도 사람이 정한 것이라 그 기준의 정확한 측정 기준이 뚜렷하지 않다는 것입니다. 그리고 또한 코스메틱 회사에서 내세우는 SPF1 일 때의 측정 시간 기준도 조금씩 다릅니다. SPF1이 10분, 15분, 20분 일 때(정확한 기준을 만들 수도 없고 있지도 않으므로) 자외선 도포 시간이 각자 다르게 계산됩니다.

예) SPF 30 일 경우×만약 SPF1 이 10분 이라면=300분
SPF 30 일 경우×만약 SPF1 이 15분 이라면=450분
SPF 30 일 경우×만약 SPF1 이 20분 이라면=600분

그래서, 일반적인 상식처럼 알고 있는 「자외선 차단제도 2~3 시간마다 발라야 한다는 것」도 그리 완전한 과학의 기준에 근거한 것이라고 보기는 어렵습니다. 물론, 자외선 차단제를 바르고 시간이 지난 상태라면 제품의 효과 기능은 처음 2~3 시간 전보다는 다소 떨어지지만 그래도 여분의 효과가 남아있습니다. 그리고 우리 몸에서는 천연의 자외선 흡수제인 urocanic acid가 생산되어 자외선에 대한 방어의 기능을 합니다. 그리고 가장 중요한 메이크업의 제품들에는 Ethyl urocanate가 들어있어 자외선 차단의 역할을 보조적으로 해주는 것입니다.

참고로-제가 임상실험을 해봤는데요. 물론 내 얼굴에,

1. 자외선 차단제를 바르지 않고 순서적으로 메이크업 베이스를 하고 5시간을 등산했다. 결과는 저녁에 클렌징을 하고 얼굴을 관찰하니 약간 탔다.
2. 자외선 차단제를 바르고 순서적으로 메이크업을 하고 돌아다니고, 결과는 저녁에 클렌징을 하고 얼굴을 보니 아무 이상 없었다.
3. 자외선 차단제만 바르고 돌아다녔더니 결과는 클렌징을 할 때부터 얼굴이 따끔거림을 느꼈다.
4. 4년전 여름, 모자만 쓰고 무방비 상태에서 5시간 함께 등산한 우리 이모, 결과는 그 당시, 4년 전에 생긴 기미가 여지껏 남아있다.

Question 21.

>>>제목_ **내게 맞는 화장법**

제가 화장품을 잘 고르지 못해서 자주 뾰루지가 나는데요. 제 친구들은 유명 브렌드 제품을 자유롭게 사용하는데, 저는 약건성에 잡티가 많은 편입니다. 그리고 제품에 따라서 쉽게 가렵고 따가우며 자주 뾰루지가 돋아나요. 메이크업 하는 법도 잘 모릅니다.

Answer 21.

_이보다 더 좋은 설명은 있을수 없다.

고객님께서 "자주 뾰루지가 돋아나요" 라고 말씀하셨습니다.

뾰루지가 나는 원인은 두 가지를 들 수 있습니다.

첫 번째는 여성이라면 생리 시작 일주일 전부터 「프로게스테론」이라는 호르몬의 증가로 '뾰루지' 또는 '여드름' 의 발생하는 것입니다.

두 번째는 혈관계통이 약하면 자극이나 강도에 상관없이 민감하게 반응하여 '뾰루지' 가 생기거나 피부의 결점 등을 가져오는 것입니다.

화장품 회사마다 코스메틱제품의 '기본 성분들' 은 거의 비슷하나 어느 성분을 더 추가하고 늘리느냐에 따라서 만약, '민감성 피부' 가 사용할 경우에는 쉽게 반응을 보이는 것입니다.

제가 판단하기로는 고객님의 피부는 건성보다는 민감성에 가깝습니다.

왜? 단서, 첫 번째 "자주 뾰루지가 나는데요" 단서, 두 번째 "제품에 따라서 쉽게 가렵고 따가우며 자주 뾰루지가" 이러한 고객님과 같은 민감성 피부타입은 많은 영양과 수분을 보충해 주어야합니다.

어떻게? 진정효과가 있는 아쥴렌, 카렌듈라, 카모마일 등의 성분이 들어간 제품들을 사용하십시요.

혈관에 활력을 주어 모세혈관을 강화시키는 하마메리스, 은행, 센텔라시아티카 등의 성분 제품을 사용하십시요.

그리고 외부자극과 자외선으로부터 피부를 보호하는 것이 가장 중요하므로 항상 자외선 차단제를 바르고 다니십시오.

그리고 물과 수분이 많은 과일을 자주 섭취하여 내 몸 안에 있는 모든 영양분이 수분의 흐름을 따라 모세혈관을 타고 피부로 빨리 도달하게 해야 합니다.

Question 22.

〉〉〉제목_ 메이크업을 꼭 해야 하나요?

평소에 기초화장과 썬크림만 바르고 다니는데요(특별한날에만 화장함, 일주일에 1번?) 밑에 글을 보니 메이크업을 하고 다니는 것이 피부보호에 좋은 것인지 썬블록만 바르고 다녀도 괜찮은 것인지 분간이 잘 안되요.

Answer 22.

_메이크업을 해야만 하는 이유!

고객님 왈 "특별한날에만 화장함, 일주일에 1번?" 이 글을 본 순간 슬픔이 대퇴부를 스치면서 대뇌와 소뇌를 지나 신경호르몬을 타고 온몸에 전율이 일어나기 시작했습니다.

메이크업은 치장의 의미에서도 하지만 가장 중요한 피부 보호의 목적에서도 해야 합니다. 우리가 가장 두려워하는 피부 노화를 촉진시키는 자외선으로부터 보호하여 노화를 지연시키기 위해서라도...

먼저, 메이크업은 하지 않고 '자외선 차단제' 만을 바르고 장시간 돌아다녔을 경우에는 클렌징을 하고 나면 피부의 화끈거림이 느껴집니다. 만약, 2~3시간 마다 자외선 차단제를 도포했다면 상관없지만 그것은 번거로움이 있습니다(참고로 자외선 차단제는 2~3시간 후에는 그 기능이 처음 보다는 떨어집니다. 그래서 2~3마다 다시 발라주어야 합니다).

피부에 따라 기초제품을 선택하고 순서적으로 메이크업을 한다면 피부에 여러 층의 보호막을 만들어준 상태이므로 피부의 수분 증발을 막아주고 외부의 바람이나 냉.온풍기로 인한 수분의 빼앗

김을 방지합니다. 또한 파운데이션이나 아이샤도우에는 '티타늄'과 '산화아연' 성분 등이 포함되어 있으므로 자외선이 진피층까지 흡수되지 못하도록 밀어주는 역할을 합니다. 당연히 노화를 알리는 주름의 속도가 지연됩니다.

U. 찾아보기

건성 피부 17, 22
고마쥬 6
굵은 펜슬 컨실러 27
까뮤플라즈 26
나이트 크림 8
노화성 피부 18, 22
눈썹 끝이 긴 눈썹 33
눈썹 끝이 짧은 눈썹 32
눈썹 두께가 얇은 눈썹 32
눈썹 솔 15
동안 메이크업 57
두꺼운 눈썹 33
두꺼운 입술 43
듬섬듬성한 눈썹 32
루스 파우더 30
립스틱 8
마스크 크림 6
메이크업 베이스 19
면봉 11
민감성 피부 18
민감성 피부 크림 7
발진성 피부 18
보통 피부 18, 22
분첩 13
붉은 피부 27
붓 13
뷰러 15
브러쉬 13

속눈썹 15
솜 11
수분크림 7
숱이 없는 눈썹 32
스킨 6
스틱 컨실러 26
스폰지 12
스피드 메이크업 66
아이 마스크 크림 7
아이 메이크업 34
아이 섀도우 34
아이크림 7
악건성 피부 17, 22
악지성 피부 17, 22
얇은 입술 41
얇은 펜슬 컨실러 27
여드름성 피부 17, 27
연한 기미의 피부 27
영양크림 7
임산부 메이크업 45
입술 보호제 8
작은 입술 40
좌우 비대칭 입술 41
중년 여성을 위한 메이크업 60
지성 피부 17, 22
짙고 풍성한 눈썹 33
짙은 기미의 피부 28
처진 입술 42
컨실러 26
콤팩트 파우더 30
쿠페로즈피부 28
클렌징 로션 6
크리넥스 12
크림 컨실러 26
탄력 크림 8
투명 메이크업 51
트웨이 케익 30
팁 컨실러 26
파우더 29
파운데이션 21
프레스 파우더 30
피지조절 젤 8
피지조절 크림 8